企业级卓越人才培养解决方案"十三五"规划教材

走进大数据与人工智能

天津滨海迅腾科技集团有限公司　编著

天津大学出版社
TIANJIN UNIVERSITY PRESS

图书在版编目(CIP)数据

走进大数据与人工智能 / 天津滨海迅腾科技集团有限公司编著. —天津：天津大学出版社，2018.8（2020.8重印）

企业级卓越人才培养解决方案"十三五"规划教材

ISBN 978-7-5618-6224-7

Ⅰ.①走…　Ⅱ.①天…　Ⅲ.①数据处理－教材 ②人工智能－教材　Ⅳ.①TP274 ④TP18

中国版本图书馆CIP数据核字(2018)第183592号

主　编：王　翔　周　勇　畅玉洁　房　屹
副主编：史永博　孙学朋　万冬娥　董善志
　　　　向　元　陈怀玉

出版发行	天津大学出版社
地　　址	天津市卫津路92号天津大学内(邮编:300072)
电　　话	发行部:022-27403647
网　　址	www.tjupress.com.cn
印　　刷	廊坊市海涛印刷有限公司
经　　销	全国各地新华书店
开　　本	185mm×260mm
印　　张	15.75
字　　数	387千
版　　次	2018年8月第1版
印　　次	2020年8月第2次
定　　价	49.00元

高等职业院校基于工作过程项目式系列教材
企业级卓越人才培养解决方案"十三五"规划教材
编写委员会

祝瑞玲　山东传媒职业学院

王建国　烟台黄金职业学院

陈章侠　德州职业技术学院

郑开阳　枣庄职业学院

张洪忠　临沂职业学院

常中华　青岛职业技术学院

刘月红　晋中职业技术学院

赵　娟　山西旅游职业学院

陈　炯　山西职业技术学院

陈怀玉　山西经贸职业学院

范文涵　山西财贸职业技术学院

任利成　山西轻工职业技术学院

郭长庚　许昌职业技术学院

李庶泉　周口职业技术学院

许国强　湖南有色金属职业技术学院

孙　刚　南京信息职业技术学院

夏东盛　陕西工业职业技术学院

张雅珍　陕西工商职业学院

王国强　甘肃交通职业技术学院

周仲文　四川广播电视大学

杨志超　四川华新现代职业学院

董新民　安徽国际商务职业学院

谭维奇　安庆职业技术学院

油俊伟　天津大学出版社

基于产教融合校企共建产业学院创新体系简介

　　基于产教融合校企共建产业学院创新体系是天津滨海迅腾科技集团有限公司联合国内几十所高校,结合数十个行业协会及 1000 余家行业领军企业的人才需求标准,在高校中实施十年而形成的一项科技成果,该成果于 2019 年 1 月在天津市高新技术成果转化中心组织的科学技术成果鉴定中被鉴定为国内领先水平。该成果是贯彻落实《国务院关于印发国家职业教育改革实施方案的通知》(国发〔2019〕4 号)的深度实践,开发出具有自主知识产权的"标准化产品体系"(含 329 项具有知识产权的实施产品)。从产业、项目到专业、课程形成系统化的操作实施标准,构建了具有企业特色的产教融合校企合作运营标准"十个共",实施标准"九个基于",创新标准"七个融合"等全系列、可操作、可复制的产教融合系列标准,取得了高等职业院校校企深度合作的系统性成果。该成果通过企业级卓越人才培养解决方案(以下简称解决方案)具体实施。

　　该解决方案是面向我国职业教育量身定制的应用型技术技能人才培养解决方案,是以教育部—天津滨海迅腾科技集团产学合作协同育人项目为依托,依靠集团的研发实力,通过联合国内职业教育领域相关的政策研究机构、行业、企业、职业院校共同研究与实践获得的方案。本解决方案坚持"创新校企融合协同育人,推进校企合作模式改革"的宗旨,消化吸收德国"双元制"应用型人才培养模式,深入践行基于工作过程"项目化"及"系统化"的教学方法,形成工程实践创新培养的企业化培养解决方案,在服务国家战略——京津冀教育协同发展、中国制造 2025(工业信息化)等领域培养不同层次的技术技能型人才,为推进我国实现教育现代化发挥了积极作用。

　　该解决方案由初、中、高三个培养阶段构成,包含技术技能培养体系(人才培养方案、专业教程、课程标准、标准课程包、企业项目包、考评体系、认证体系、社会服务及师资培训)、教学管理体系、就业管理体系、创新创业体系等,采用校企融合、产学融合、师资融合"三融合"的模式在高校内共建大数据(AI)学院、互联网学院、软件学院、电子商务学院、设计学院、智慧物流学院、智能制造学院等,并以"卓越工程师培养计划"项目的形式推行,将企业人才需求标准、工作流程、研发规范、考评体系、企业管理体系引进课堂,充分发挥校企双方的优势,推动校企、校际合作,促进区域优质资源共建共享,实现卓越人才培养目标,达到企业人才招录的标准。本解决方案已在全国几十所高校实施,目前形成了企业、高校、学生三方共赢的格局。

　　天津滨海迅腾科技集团有限公司(以下简称集团)创建于 2004 年,是以 IT 产业为主导的高科技企业集团。集团业务范围覆盖信息化集成、软件研发、职业教育、电子商务、互联网服务、生物科技、健康产业、日化产业等。集团以科技产业为背景,与高校共同开展"三融合"的校企合作混合所有制项目。多年来,集团打造了以博士研究生、硕士研究生、企业一线工程师为主导的科研及教学团队,培养了大批互联网行业应用型技术人才。集团先后荣获全国模范和谐企业、国家级高新技术企业、天津市"五一"劳动奖状先进集体、天津市"AAA"级劳动关系和谐企业、天津市"文明单位"、天津市"工人先锋号"、天津市"青年文明号"、天津市"功勋企业"、天津市"科技小巨人企业"、天津市"高科技型领军企业"等近百项荣誉。集团将以"中国梦,腾之梦"为指导思想,深化产教融合,坚持围绕产业需求,坚持利用科技创新推动生产,坚持激发职业教育发展活力,形成"产业 + 科技 + 教育"生态,为我国职业教育深化产教融合、校企合作的创新发展作出更大贡献。

前　言

大数据与人工智能是当今前沿的计算机科学技术。近年来,关于大数据与人工智能的讨论与研究一直在持续。越来越多使用大数据与人工智能技术的软件与网站出现在我们的生活之中,为无数人的生活与工作带来了便利。与此同时,大数据技术与人工智能技术渗透到了各个行业之中,颠覆了很多常规行业的运作模式。

本书主要介绍了大数据与人工智能的相关概念,通过案例事件的叙述,讲述了大数据与人工智能技术的来龙去脉及发展历程。结合大量的案例讲解了大数据与人工智能技术在现实生活中的应用,通过对大数据与人工智能现状的深入剖析,展望了大数据与人工智能的发展方向与未来。

本书共九个学习情境,以"大数据与人工智能概论"→"大数据技术与数据处理"→"大数据在各行业应用案例"→"语音、语义识别"→"计算机视觉识别"→"人工智能芯片"→"机器人"→"人工智能在各行业应用"→"大数据与人工智能未来"为线索,全方位地阐述了在学习大数据与人工智能技术之前,需要了解和掌握的指导性思想与相关概念。

本书采用基于工作过程系统化的设计思路,每个学习情境由多个学习任务组成,每个学习任务都分为问题导入、学习目标、学习概要、学习内容、知识回顾五个模块来讲解相应的知识点。

本书由王翔、周勇、畅玉洁、房屹任主编,由史永博、孙学朋、万冬娥、董善志、向元、陈怀玉等共同任副主编,畅玉洁、房屹负责统稿,王翔、周勇负责全面内容的规划,史永博、孙学朋负责整体内容编排。具体分工如下:情境一至情境三由史永博、孙学朋编写,王翔负责全面规划;情境四至情境七由董善志、向元共同编写,周勇负责全面规划;情境八至情境九由陈怀玉、万冬娥共同编写,王翔负责全面规划。

本书的主旨是大数据与人工智能技术的概念普及,定位于大数据与人工智能技术的初学者。与市面上现有的理论指导性书籍不同,本书通过采用大量的案例与历史事件,生动、形象且不失深度地讲解了大数据与人工智能的概念。通过对本书的学习,读者可以提高对大数据与人工智能技术的理论性认识。

天津滨海迅腾科技集团有限公司

技术研发部

目　录

学习情境一　大数据与人工智能概论

任务一　大数据概论

问题导入

学习目标

通过对大数据概论的学习,了解什么是大数据,熟悉大数据从概念提出至今经历了哪些阶段,掌握大数据迅速发展的原因,根据大数据现状分析大数据的机遇。在任务实现过程中:

- 了解什么是大数据。
- 熟悉大数据经历的阶段。

- 掌握大数据发展的原因。
- 根据大数据现状分析大数据的机遇。

学习概要

学习内容

　　早在 1980 年,美国作家阿尔文·托夫勒在其未来学著作《第三次浪潮》中对"大数据"就有所提及。在书中,阿尔文·托夫勒将大数据预言为:将是第三次浪潮的华彩乐章。而对大数据的定义,直到近几年且在各方拥有保留意见的情况下才被确立下来。

　　大数据是一个体量大、数据类别多的数据集合,并且无法在一定时间范围内使用传统数据库工具对其内容进行抓取、解析、管理和处理。

一、什么是大数据

　　自大数据产生以来,就有很多机构或组织想要给大数据下一个权威的定义来规范大数据的特性。对大数据定义最具代表性的是认为大数据必须满足三个特点才能被称为"大数据"。大数据的三个特点又被称为 3V 特性,即规模性(Volume)、多样性(Variety)和高速性(Velocity)。如图 1.1 所示。

1. 规模性

　　所谓规模性就是指数据量庞大、数据存储体量大和计算量大。目前,整个社会各个行业每天要产生 EB 级别的数据量,因此大数据中的数据计算单位已经不能再用传统的 GB 或者 TB,而要用 PB、EB 甚至 ZB 为计量单位。

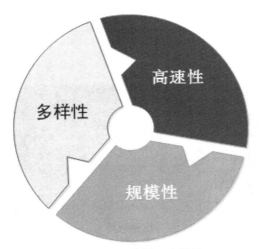

图 1.1　大数据的三个特性

2. 多样性

多样性是指数据的种类繁多。造成数据种类繁多的原因是互联网技术和科学技术在不断发展。由于传感器的规格、数据来源的网站类型不同,数据的格式也不同。数据可分为结构化数据、半结构化数据和非结构化数据三种类型。大数据处理中三种类型数据比例约为1∶3∶6。如图 1.2 所示。

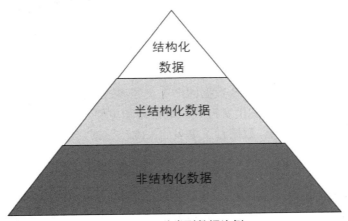

图 1.2　三种类型数据比例

3. 高速性

数据的高速性主要体现在两个方面,具体如下。

一方面指数据的增长速度十分迅猛。在短短的 60 秒之内,淘宝和天猫就有超过 14 万人访问,有 774 人产生交易(除促销外);百度要处理 340 万次以上的搜索请求并极快地返回结果;新浪微博会发送超过 9 万条新微博。中国互联网 60 秒发生的事情如图 1.3 所示。

另一方面指数据存储、传输等处理速度十分迅捷。如对灾难预测,在灾难发生后,需要极快地对灾难的发生程度、影响范围进行预测。例如:在 2011 年 3 月 11 日日本大地震发生后仅 9 分钟,美国国家海洋和大气管理局(NOAA)就发布了详细的海啸预警。

除上述三个特性之外,很多机构和公司尝试在 3V 特性上增加大数据的新特性。国际数据公司(IDC)认为大数据还具有价值性(Value),而国际商业机器公司(IBM)认为大数据拥有真实性(Veracity)。

图 1.3   中国互联网 60 秒发生的事情

二、大数据的发展

大数据并不仅仅是猜想和理论,数据的产生已经渗透到传统行业之中,对大数据的挖掘和运用也为人们带来新的生产和消费方式。数据最初主要来源于数据库(结构化数据),但随着互联网和科学技术的发展,数据有了更多的来源。数据发展经历了以下三个阶段。

1. 运营式系统阶段

数据库的出现大大降低了数据管理的复杂程度。现实中数据库主要是作为运营系统存储数据,或作为运营系统的数据管理子系统存在的,比如超市的销售记录系统、医院病人的医疗记录系统和银行的交易记录系统等。由于运营式系统广泛使用数据库来存储数据,人类社会数据存储量第一次有了大的飞跃。这个阶段最主要的是数据伴随着一定的运营活动而产生并记录在数据库中,比如消费者进行一次交易,就会在银行的交易系统数据库中产生对应数据。此阶段数据的产生方式是被动的。常见数据库种类如图 1.4 所示。

2. 用户原创内容阶段

社交媒体和智能设备的出现,导致数据存储量发生了第二次大的飞跃。智能设备可以使用户全天候不间断地连接到互联网及社交媒体(如微博、微信、QQ、抖音、快手等)。互联网及社交媒体也可以同时在不同的智能设备上运行。二者的结合导致了数据量的暴增,用户产生数据的意愿也更加强烈。此阶段数据的产生方式是主动的。常见社交媒体如图 1.5 所示。

图 1.4　常见数据库种类

图 1.5　常见社交媒体

3. 感知式系统阶段

　　感知式系统的广泛应用,导致了数据存储量发生第三次大的飞跃,最终导致了大数据的产生。由于技术的发展,人类已经有能力制造极其微小的、带有处理功能的传感器用来收集数据,并开始将这些设备广泛地布置于社会的各个角落,通过这些设备来对整个社会的运转进行监控和信息存储。这些设备会源源不断地产生新数据。此阶段数据的产生方式是自动的,如大型的粒子对撞机平均每秒就可以产生 1GB 的数据。粒子对撞机如图 1.6 所示。

图 1.6　粒子对撞机（每秒可以产生 1GB 数据）

　　美国互联网数据中心研究显示，现如今互联网上的数据每年将增长 50% 以上，每两年便将翻一倍。目前，世界上 90% 以上的数据是最近几年才产生的。全世界的工业生产品有着无数的数码传感器，通过即时测量和传递有关位置、运动、震动、温度、湿度等信息产生了海量的数据信息，这些都是大数据的数据来源。

三、大数据迅速发展的原因

　　在科学技术迅速发展的今天，大数据和人工智能有着前所未有的机遇。政策扶持、资本注入是大数据与人工智能技术最大的两个机遇。

1. 政策扶持

　　2015 年 8 月 31 日，中华人民共和国国务院正式印发《促进大数据发展行动纲要》（以下简称《纲要》）。《纲要》中提出主要任务是加快政府数据开放共享，推动资源整合，提升治理能力；推动产业创新发展，培育新兴业态，助力经济转型；强化安全保障，提高管理水平，促进健康发展。图 1.7 为《纲要》印发通知（图片来源：中国政府网）。

国务院关于印发促进大数据发展
行动纲要的通知
国发〔2015〕50号

各省、自治区、直辖市人民政府，国务院各部委、各直属机构：
　　现将《促进大数据发展行动纲要》印发给你们，请认真贯彻落实。

国务院
2015年8月31日

图 1.7　《纲要》印发通知

　　2016 年 3 月 16 日第十二届全国人大第四次会议审查通过了《中华人民共和国国民经济和社会发展第十三个五年规划纲要》（以下简称《"十三五"规划》）。《"十三五"规划》第六篇题为"拓展网络经济空间",其中第二十七章明确指出全面实施国家大数据战略。

为贯彻落实《纲要》和《"十三五"规划》,中华人民共和国工业和信息化部正式印发《大数据产业发展规划(2016—2020年)》(以下简称《规划》)。《规划》中指出:数据是国家基础性战略资源,是 21 世纪的"钻石矿"。图 1.8 为《规划》印发通知(图片来源:工信部官网)。

工业和信息化部关于印发大数据产业发展规划(2016—2020年)的通知

工信部规[2016]412号

各省、自治区、直辖市及计划单列市、新疆生产建设兵团工业和信息化主管部门,各省、自治区、直辖市通信管理局,有关中央企业,部直属单位:
　　为贯彻落实《中华人民共和国国民经济和社会发展第十三个五年规划纲要》和《促进大数据发展行动纲要》,加快实施国家大数据战略,推动大数据产业健康快速发展,我部编制了《大数据产业发展规划(2016-2020年)》。现印发你们,请结合实际贯彻落实。

工业和信息化部
2016年12月18日

附件: 大数据产业发展规划(2016-2020年)

图 1.8 《规划》印发通知

通过以上政策的颁布,可以看出国家对大数据产业的支持与扶持。

2. 资本注入

由于大数据前景良好,越来越多的资本开始涌入大数据及其相关产业。图 1.9 为 63 家大数据企业融资状况。

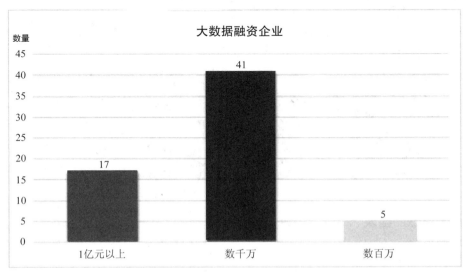

图 1.9 63 家大数据企业融资状况

从图 1.9 中可以看出,资本对于大数据企业并不吝啬,在 63 家企业中融资超过 1 亿元的企业达到 17 家,而融资过千万的企业达到 41 家,仅有 5 家企业融资未到千万,可见资本对大数据的关注度。

四、大数据现状

　　资本的注入带来了人才缺口大、大数据相关职位薪资高的现状,因此吸引越来越多的人才开始涌入这个行业。伴随着大量的资本引入,大数据的相关技术在资本的带领下会更快地发展。可以说,政策是大数据行业发展的保障,而资本是大数据行业发展的催化剂。大数据产业仿佛一棵树苗,根植在"政策"的土壤中,资本作为肥料在不断地促进大数据与人工智能的发展。图 1.10 为腾讯大数据营销战略概念图。

图 1.10　腾讯大数据营销战略概念图

(一)人才缺口巨大

　　在大数据专业火热的背后是巨大的人才缺口。从以下三个方面就可以看出大数据的人才需求量巨大。

1. 35 所大学开设大数据专业

　　大数据行业人才缺口巨大,促使国内高等院校瞄准这个机会,大力培养大数据人才。

2. 未来 3~5 年内,需要 180 万大数据人才

大数据行业的火热带动了就业,很多新成立的公司获得了大额的融资,但是面临人才短缺的问题,促使人才需求量增加。

3. 大数据工程师基本薪资在每年 30 万 ~50 万元

大数据行业的公司不是传统互联网行业领跑者就是拥有大量资本的新公司,因此大数据工程师的薪资待遇通常较高。

(二)大数据进入快速增长期

随着大数据技术的快速发展,大数据领域现在进入了快速增长期。国内大数据的市场规模逐年增长。2018 年大数据市场总体规模是 2011 年的 8 倍。预计到 2022 年,大数据规模将为 2011 年的 15 倍,大数据时代已经到来。我国大数据市场规模如图 1.11 所示。

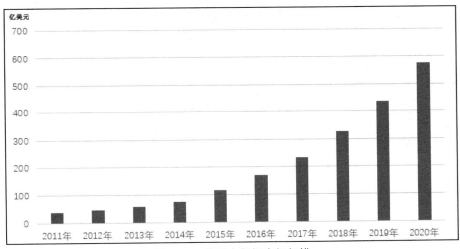

图 1.11 我国大数据市场规模

(三)大数据企业年轻化

大数据行业的兴起,使很多投资人对大数据企业较为看好。近几年来,创业者也都选择投入大数据行业。图 1.12 为大数据企业所获投资"轮"。

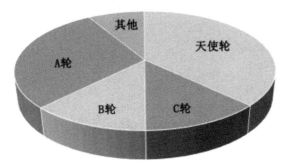

图 1.12 大数据企业所获投资"轮"

轮的字母越靠前,证明所获得投资的时间越短。

天使轮:该企业刚刚创立。

A 轮:基本产品模型已经成形。

B 轮:产品已经成功验证并可以批量生产,需要验证企业赚钱能力。

C 轮:商业模式验证成功,需要在资本上碾压对手。

其他:分为"Pre-IPO""Pre-A"等,分别有不同的含义。

(四)传统互联网行业占据主导地位

由于传统互联网行业的用户优势和技术优势,在大数据领域,传统互联网企业依然把持着大量的资源。图 1.13 为中国大数据行业发展指数排名前十的企业。

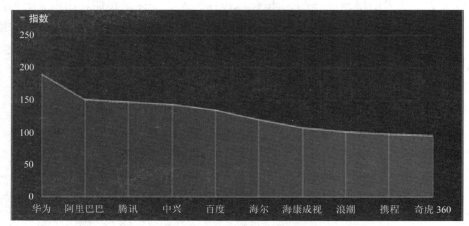

图 1.13　中国大数据行业发展指数排名前十的企业

从图 1.13 中可以分析出两类企业,一类是拥有庞大的用户群体和用户数据的企业,如阿里巴巴、腾讯、百度、携程、奇虎 360;另一类是依靠技术在大数据相关领域进行发展的企业,如华为、中兴、海尔、海康威视、浪潮等。

(五)全球数据量急速增长

随着网络技术的发展,全球的数据量在海量地增长。图 1.14 展示了 2005—2020 年数据的增长量。

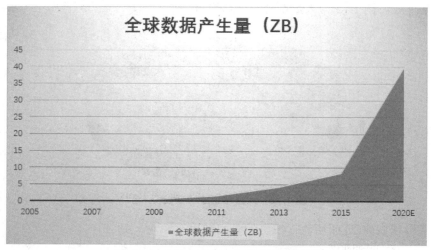

图 1.14　2005—2020 年数据的增长量

从图 1.14 中可以看出,数据的增长趋势逐步增加,越来越快。

知识回顾

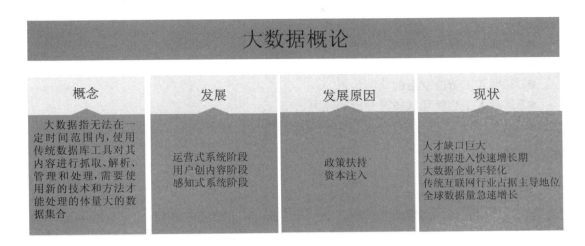

任务二　人工智能概论

问题导入

学习目标

通过人工智能概论的学习,了解什么是人工智能,熟悉人工智能从概念提出至今经历了几个阶段,掌握人工智能能够迅速发展的原因,具有人工智能现状概况分析的能力。在任务实现过程中:

- 了解什么是人工智能。
- 熟悉人工智能经历的阶段。
- 掌握人工智能发展的原因。
- 具有人工智能现状概况分析的能力。

学习概要

01

什么是人工智能

02

人工智能的发展
人工智能深耕细作阶段
人工智能突飞猛进阶段
人工智能由量变到质变阶段

人工智能概论

03

为什么人工智能迅速发展
行业驱动
政策法规
投资热度

04

人工智能现状
人工智能产业进入快速增长期
人工智能企业竞争日益激烈

学习内容

不知道从什么时候开始,人工智能成为信息时代的尖端科技。人类的不断超越和进步都通过计算机以不同的形式展现。时代在进步,人工智能、自动驾驶、机器人、智能家居已成为主流科技的前沿。人工智能的发展涉及众多领域:在医疗领域,人工智能的图像识别技术能够促进癌症诊断的准确性;在制药行业,人工智能技术能够推动新药品的研发;在金融领域,人工智能能够预测分析数据,优化企业方案,促使降低成本、节省时间;在农业领域,人工智能技术能够帮助农民和种植者改善种植方案,智能化种植,促进产量增长等。人工智能时时刻刻在影响着各行各业的发展,那么人工智能是什么呢?

一、什么是人工智能

　　人工智能可以理解为通过计算机来实现人智慧的技术科学,比如围棋的人机对弈,让机器自己思考去下棋,这就是模仿人类的学习能力和推导能力等。人工智能的认识可以分为四个认知层次,即像人一样行动、像人一样思考、合理的思考和合理的行动,具体如图 1.15所示。

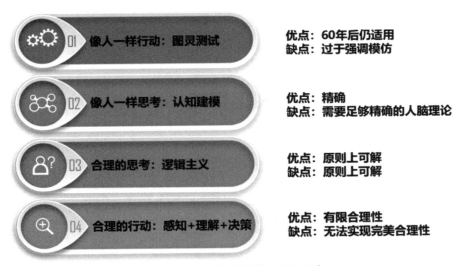

图 1.15　人工智能的四个认知层次

　　人工智能领域主要研究机器人、图像识别、语音识别、自然语言处理等,具体如图 1.16所示。

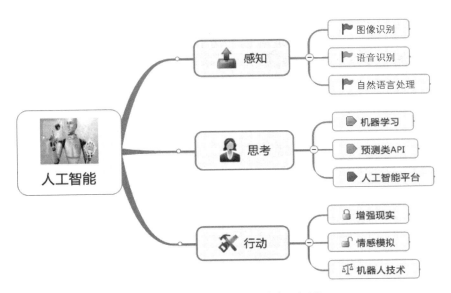

图 1.16　人工智能应用领域

　　人工智能的定义为：研究、开发用于模拟、延伸和扩展人的智能的理论、方法、技术及应用系统的一门新的技术科学。（来源：百度百科）

　　在人工智能时代，如果想使用人工智能进行图像识别、语音识别、语义识别等，就需要掌握机器学习和机器学习的子集——深度学习的相关知识。其中，机器学习是总结案例和经验，从而得出算法，不是依赖代码和事先定义的规则，比如机器学习在区分水果和蔬菜的过程中，算法通过大量的数据进行分析训练，学习如何区分两种类别，而不是单纯依靠开发者编写的程序代码来识别。深度学习是一种需要训练多层神经网络的层次结构，在神经网络每一层具有大量的激活函数，从而可解决复杂的问题。人工智能与机器学习、深度学习的关系如图 1.17 所示。

图 1.17　人工智能与机器学习、深度学习的关系

二、人工智能的发展

　　人工智能概念的提出始于 20 世纪 40 年代。从人工智能概念的诞生到人工智能的广泛应用已有近 80 年。在人工智能的发展道路上，经历了三"起"三"落"，最终迎来了胜利的曙光。人工智能的发展主要分为三个阶段，如图 1.18 所示。

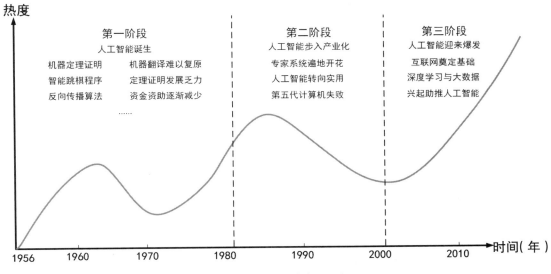

图 1.18　人工智能发展历程

（一）人工智能深耕细作阶段

人工智能的第一阶段也称深耕细作阶段,时间为 20 世纪 50 年代中期到 80 年代初期。早在 1956 年,达特茅斯会议（Dartmouth Conference）首次提出"人工智能"术语,标志着人工智能学科的诞生。图灵测试、神经元模型的提出和 SNARC 神经网络计算机的发明,为人工智能的诞生奠定了良好的基础。在 20 世纪 50 年代至 70 年代之间,塞缪尔（A.M. Samuel）研制的跳棋程序击败了塞缪尔本人,机器定理的证明、深度学习模型以及 AlphaGo 增强学习的雏形在这个阶段被发明了出来。

（二）人工智能突飞猛进阶段

人工智能的第二阶段也称突飞猛进阶段,时间为 20 世纪 80 年代初期至 21 世纪初期。在 20 世纪 80 年代初期,人工智能被引入市场,并显示出使用价值,首个成功的商用专家系统 R1 为 DEC 公司大约每年节省 4 000 万美元的费用。20 世纪 90 年代初期,苹果、IBM 推出的台式机开始进入普通百姓家庭,为计算机工业的发展奠定了发展基础和方向,特别是在 1997 年,美国 IBM 公司研制的代号为"深蓝"的计算机击败了保持棋王宝座 12 年之久的卡斯帕罗夫。赛况场景如图 1.19 所示。

图 1.19　"深蓝"计算机对弈卡斯帕罗夫

"深蓝"是什么？

"深蓝"计算机是并行计算的电脑系统，"深蓝"计算机重量达 1.4 吨，有 32 个节点，每个节点有 8 块专门为进行国际象棋对弈设计的处理器，平均运算速度为每秒 200 万步棋。总计 256 块处理器集成在 I B M 研制的 RS/6000SP 并行计算系统中，从而拥有每秒超过 2 亿步棋的惊人速度。它不会疲倦，不会有心理上的起伏，也不会受到对手的干扰。它的缺陷是没有直觉，不能进行真正的思考，但是比赛过程表明，"深蓝"无穷无尽的计算能力在很大程度上弥补了这些缺陷，建基于 RS/6000SP，另加上 480 颗特别制造的 VLSI 象棋芯片。下棋程式以 C 语言写成，运行 AIX 操作系统。1997 年版本的"深蓝"运算速度为每秒 2 亿步棋，是其 1996 年版本的 2 倍。1997 年 6 月，"深蓝"在世界超级电脑中排名第 259 位，计算能力为 113.8 亿次浮点运算。

（三）人工智能量变到质变阶段

人工智能第三个阶段也称量变到质变阶段，时间为 21 世纪初期至今。在这个阶段中，人工智能实现了规模化应用，摩尔定律和云计算带来的强大计算能力、互联网广泛应用带来的海量数据积累，使得人工智能的语音识别和语义识别技术、图像识别技术快速发展并迅速应用到各领域，例如手机语音助手将语音转化成文字，扫脸进行打卡，OCR 技术提取图片文字等。量变到质变的流程如图 1.20 所示。

图 1.20　人工智能量变到质变的流程

在第三个阶段，人工智能领域出现了三个大脑，分别为谷歌大脑、百度大脑和 IBM 大脑。

1. 谷歌大脑

被誉为"谷歌大脑"的项目是谷歌无人自动驾驶汽车,该汽车完成了 70 万英里(1 英里=1.6 千米)的高速公路无人驾驶巡航里程,该项目的诞生源于谷歌公司大量购买人工智能公司、机器公司、智能眼镜公司、智能家居公司等公司的技术,通过收购的技术对"谷歌大脑"提供源源不断的数据。如图 1.21 所示。

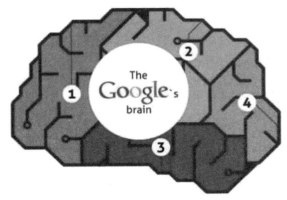

图 1.21　谷歌大脑

"谷歌大脑"这个神经网络,能够让更多的用户拥有良好的使用体验。随着时间的发展,谷歌其他的产品(图像搜索、谷歌眼镜等)都得以迅速发展。人工智能在商业中的应用非常广泛。神经网络不需要借助人工训练就可以自我学习、思考和完善。

2. 百度大脑

2016 年百度创始人李彦宏提出推进"百度大脑"项目。该项目主要是使用计算机技术模拟人脑,融合"深度学习"算法、数据建模和大规模 GPU 并行计算等技术。如今,"百度大脑"的智商已经有了超前的发展,在一些能力上甚至超越了人类。其剖析图如图 1.22 所示。

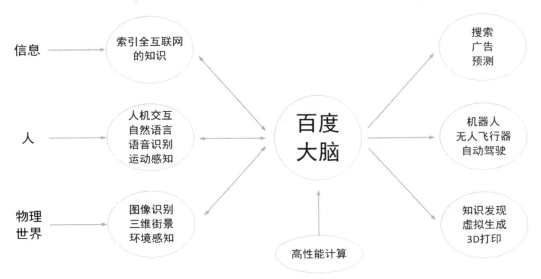

图 1.22　百度大脑剖析

百度大脑拥有语音、图像、自然语言处理和用户画像四个核心功能,其中:

● 语音能力包含语音识别能力和语音合成能力;

● 图像能力即计算机视觉,能看见并看懂图像;

● 自然语言处理需要具备一定的认知能力并具有推导规划能力,此项功能要比语言能力和图像能力更加难学;

● 用户画像根据相关的行为和用户数据,可以对用户做出很好的画像。

3. IBM 大脑

IBM 公司一直致力于研发出能够像人一样思考问题、拥有人一样的智力的人工智能计算机。并在 2011 年发布首款能够模拟人类大脑的芯片 SyNAPSE。在 2011—2014 年,IBM 公司对芯片 SyNAPSE 进行深度研究,升级 SyNAPSE 芯片,此次芯片能够认知计算机方面的相关信息,拥有 100 万个"神经元"内核, 2.56 亿个"突触"内核, 4 096 个"神经突触"内核,而耗电率极低,功率仅为 70 毫瓦。如图 1.23 所示。

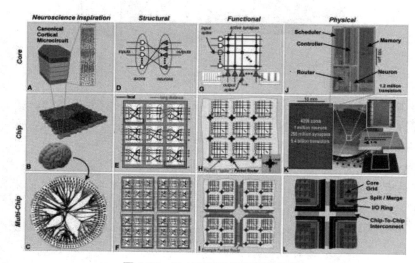

图 1.23　SyNAPSE 神经网络芯片

三、为什么人工智能迅速发展

自"互联网 +"后,"人工智能 +"成为下一个改变大众生活的概念,如今人工智能与各行各业结合,走进了大众的生活。人工智能计算机视觉、自然语言处理、机器深度学习等技术不断更新、不断发展,并且随着众多深度学习框架的发展,人工智能的应用从虚构变为现实。人工智能得以迅速发展的原因主要归功于以下几个方面。

(一)行业驱动

人工智能的迅速发展要归功于行业数据量的上涨、计算机运算能力的提升和算法模型的出现。

1. 数据量

海量数据为人工智能的发展提供了"燃料"。如果想获取大量有用数据,需要有算法作为依据。可以说,算法是人工智能的发动机,如果没有算法,就不能有效地从海量数据中提取出关键的有用信息。算法的功能是训练数据集,从而归纳出的识别逻辑。数据集的丰富和大规模性对算法尤为重要。好的算法可以精准地识别物体和场景。以扫脸打卡或人脸识别为例,如果想正确识别人脸信息,就需要对百万级别的数据进行训练和学习。图 1.24 为数据量模型。

图 1.24　数据量模型

2. 运算能力

人工智能的迅速发展除了需要海量数据,还需要拥有快速计算分析海量数据的能力,这些是传统的数据处理技术和硬件设备达不到的。AI 芯片的出现解决了数据处理速度慢的问题,使数据处理效率有了很大的提升,同时加快了深层神经网络的训练速度。

使用 AI 算法时需要对大量的数据进行处理和运算。目前出现的一些专用于数据处理的芯片——GPU 芯片如图 1.25 所示。其中,世界上第一款 GPU 芯片的出现为人工智能的发展做出了突出的贡献。

世界上第一款GPU——GeForce 256　　中科寒武纪即将投产的"寒武纪"NPU　　Altera的高端FPGA 产品——Stratix

图 1.25　GPU 芯片

GPU 数据芯片是为了执行复杂的数据和集合而设计的,它使数据处理和数据运算有了质的飞跃,使得人工智能技术迅速发展。GPU 数据芯片主要应用于深度学习模型,训练模型效率比普通的双核 CPU 运算速度高近 70 倍。随着 GPU 的不断发展和升级,人工智能的发展和应用不会再因为数据处理速度慢而被制约。

3. 算法模型

在人工智能领域,如果想深入研究计算机视觉、图像处理、语音识别和语义识别等技术,需要熟练掌握算法模型。常用的机器学习算法如图 1.26 所示。

图 1.26　常用的机器学习算法

机器学习存在一些局限性,在有限样本和计算单元的情况下不能很好地表示复杂函数,同时制约了复杂数据的处理。2006 年,在机器学习的基础上出现了深度学习的概念,通过深度学习研究,突破了人工智能算法瓶颈。自学习状态成为人工智能的主流,人工智能技术的应用准确性得到了很大的提升。例如 Google Translate 语义识别准确率提升趋势如图1.27 所示。

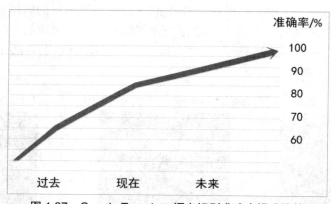

图 1.27　Google Translate 语义识别准确率提升趋势

提示:深度学习是机器学习的子集,是一种基于对数据进行特征学习的方法。基本特征是试图模仿人脑的神经元之间传递和处理信息的模式。深度学习的前身是人工神经网络,即神经网络。人工神经网络的设想来源于对人类大脑的了解,包含输入层、输出层和隐藏层,其中输入层是输入训练的数据,输出层表示计算的结果,隐藏层由一个或者多个层组成,表示深度学习中的“深度”。

(二)政策法规

人工智能的发展需要国家和政府的政策支持。如果没有政策支持,无人驾驶汽车没有专属车道,不能上路;人脸识别信息没有庞大的数据库集作为支持,一切都只能作为实验。正是因为国家的大力支持和“互联网 +”、大数据与人工智能政策的不断出台,才有了今天的人工智能。

1. 国内政策

中国在信息技术发展方面,一直走在世界的前沿。人工智能的不断发展为中国的发展、中国的进步做出了巨大的贡献。中国对人工智能发展非常重视,国务院以及相关部委都发布了针对"互联网＋"、大数据与人工智能相关的政策及报告,具体政策如表1.1所示。

表 1.1　国家政策

颁布主体	实施时间	法律法规	相关内容
国务院	2015 年 5 月	《中国制造 2025》	智能制造被定位为中国制造的主攻方向。加快机械、航空、船舶、汽车、轻工、纺织、食品、电子等行业生产设备的智能化改造,提高精准制造、敏捷制造能力。统筹布局和推动智能交通工具、智能工程机械、服务机器人、智能家电、智能照明电器、可穿戴设备等产品研发和产业化
国务院	2015 年 7 月	《国务院关于积极推进"互联网＋"行动的指导意见》	明确提出人工智能领域作为十一个重点发展领域,依托互联网平台提供人工智能公共创新服务,加快人工智能核心技术突破,促进人工智能在智能家居、智能终端、智能汽车、机器人等领域的推广应用,培育若干引领全球人工智能发展的骨干企业和创新团队,形成创新活跃、开放合作、协同发展的产业生态
中共中央办公厅、国务院办公厅	2015 年 7 月	《关于加强社会治安防控体系建设的意见》	将社会治安防控信息化纳入智慧城市建设总体规划,加深大数据、云计算和智能传感等新技术
工信部、国家发改委、财政部	2016 年 4 月	《机器人产业发展规划(2016—2020 年)》	在服务机器人领域,重点发展消防救援机器人、手术机器人、智能型公共服务机器人、智能护理机器人等 4 种标志性产品,推进专业服务机器人实现系列化,个人、家庭服务机器人实现商品化
国家发改委、科技部、工信部和网信办	2016 年 5 月	《"互联网＋"人工智能三年行动实施方案》	为降低人工智能创新成本,中国将建设面向社会开放的文献、语音、图像、视频、地图及行业应用数据等多类型人工智能海量训练资源库和标准测试数据集
国务院	2016 年 7 月	《"十三五"国家科技创新规划》	智能制造和机器人成为"科技创新—2030 项目"重大工程之一
国务院办公厅	2016 年 9 月	《消费品标准和质量提升规划（2016—2020 年)》	健全智能消费品标准。开展智能家电、智能照明电器等标准体系建设,加快智能终端产品的安全性、可靠性、功能性等标准研制。开展家具、服装等传统消费品智能化升级的综合标准化工作。在可穿戴产品、智能家居、数字家庭等新兴消费品领域,引领标准制定
国务院	2016 年 11 月	《国务院关于印发"十三五"国家战略性新兴产业发展规划的通知》	发展人工智能。培育人工智能产业生态,促进人工智能在经济社会重点领域推广应用,打造国际领先的技术体系
中共中央办公厅、国务院办公厅	2017 年 1 月	《关于促进移动互联网健康有序发展的意见》	要求加紧布局人工智能关键技术,实现核心技术系统性突破。坚定不移地实施创新驱动发展战略,在科研投入上集中力量办大事,加快移动芯片、移动操作系统、智能传感器、位置服务等的发展

2. 国外政策

为了人工智能能够应用到更多领域,推动人工智能的发展,国外相继出台了关于人工智能的相关政策,比如欧盟通过超级计算机来模拟人脑,日本侧重脑疾病的研究,美国侧重新型脑的研究等,具体政策如表 1.2 所示。

表 1.2　国外政策

国家	实施时间	政策及报告
欧盟	2013 年	"新兴旗舰技术项目"——人脑工程(HBP),计划在 2018 年前开发出第一个具有意识和智能的人造大脑
美国	2013 年 4 月	"推进创新神经技术脑研究计划"(BRAIN)
日本	2014 年 9 月	启动"大脑研究计划"(Brain/MINDS)。
美国	2016 年 10 月—12 月	《为人工智能的未来做好准备》《国家人工智能研究和发展战略计划》《人工智能、自动化与经济》3 份报告
英国	2016 年	《热工智能对未来决策的机会和影响》《机器人技术和人工智能》2 份报告

(三)投资热度

中国人工智能领域投资热度的迅速升温离不开人工智能产业的迅速发展。作用是相互的,人工智能的迅速发展和投资热度是分不开的。在 2012—2018 年,人工智能行业的投资次数、金额、机构都在迅速增长,年增长率超过 50%。在这期间,人工智能公司数量也在不断增长,如图 1.28 所示。

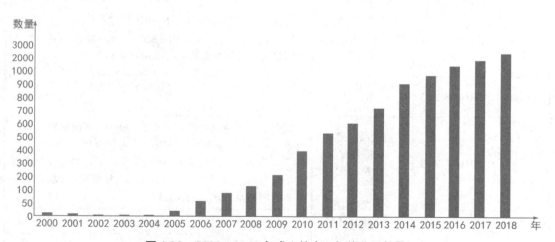

图 1.28　2000—2018 年成立的人工智能公司数量

人工智能中计算机视觉、自然语言处理等技术成为热门的创业潮流,涉及消费、媒体、广告、医疗、制造、金融、教育业等领域,其中计算机视觉和自然语言处理作为主要的感知技术,可以应用在无人驾驶、机器人、智能家居、穿戴设备等行业,各领域创业公司平均年龄如图 1.29 所示。

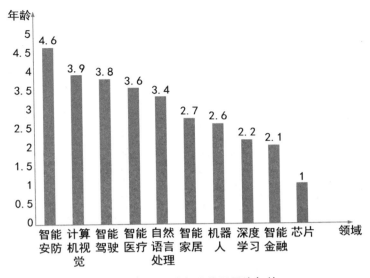

图 1.29　各领域创业公司平均年龄

人工智能对应的技术领域获得投资的状况如图 1.30 所示,人工智能投资浪潮已经掀起。

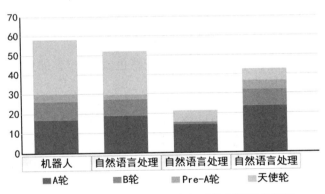

图 1.30　人工智能对应的技术领域获得投资的状况

四、人工智能现状

(一)人工智能产业进入快速增长期

随着人工智能应用领域的不断扩大,深度学习技术日趋完善,涌现了许多人工智能技术开源平台,入门人工智能领域更加容易,人工智能取得了良好的发展。2016 年中国人工智能产业规模突破 100 亿美元,预计 2020 年人工智能市场规模将达到 200 亿美元。将来人工智能会是众多产业技术和应用的突破点。2014—2018 年人工智能产业规模如图 1.31 所示。

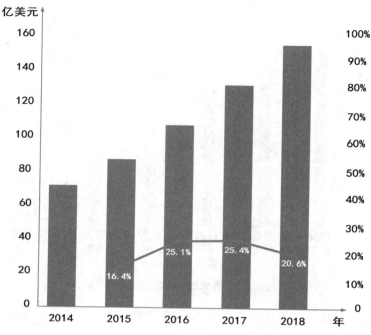

图 1.31　2014—2018 年人工智能产业规模

(二)人工智能企业竞争日益激烈

　　大型人工智能企业凭借自身优势布局整合人工智能领域,大量投入研发工作和建立实验室等,同时吸收人工智能中小型企业的优势及特色,提升整体的竞争力。此外,这些企业还开放自己的平台及相关技术。

　　在 2016 年上半年,谷歌提出将 AI 优先作为公司发展大战略。谷歌通过专有的技术,以深度学习为依托,涉及人工智能核心技术领域(计算机视觉、语音识别等),布局人工智能产业。与此同时,谷歌公司不断提升技术和产品质量,推出无人驾驶汽车,开源深度学习平台以及 TensorFlow 源代码等产品,进一步推动人工智能领域的全面布局和深度发展。谷歌人工智能布局如图 1.32 所示。

　　Facebook 公司主要筹建人工智能实验室,目前为止有两个实验室,其中一个主要研究 Facebook AI(FAIR)项目,另一个专注人工智能产品研究,比如语言识别、语言翻译、搜索等领域,研发更好的算法来提升 Facebook 基础。此外,Facebook 公司开源了人工智能硬件平台 Big Sur、基于 Torch 的训练神经网络模块等,具体的人工智能布局如图 1.33 所示。

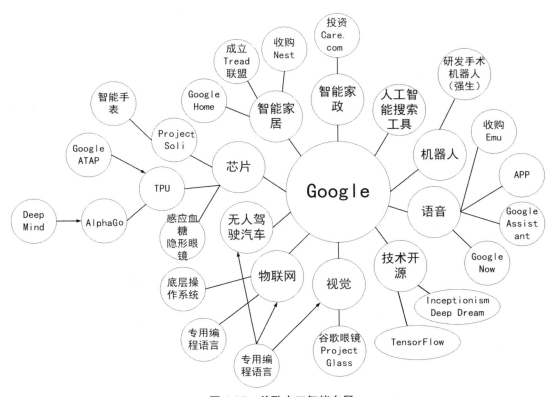

图 1.32 谷歌人工智能布局

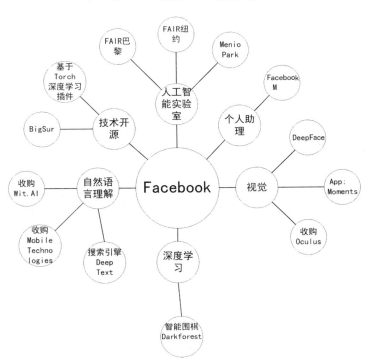

图 1.33 Facebook 人工智能布局

随着人工智能的发展涌现出大量的人工智能创业企业,涉及多个领域,其中机器学习和自然语言处理公司排列前茅。如图 1.34 所示。

图 1.34　机器学习和自然语言处理公司

知识回顾

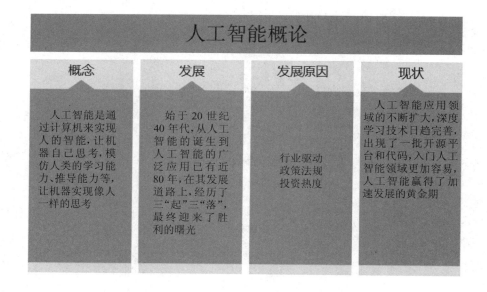

学习情境二　大数据技术与数据处理

任务一　大数据技术

问题导入

学习目标

通过对大数据技术概念的学习,了解什么是大数据技术,熟悉大数据技术的发展历程,掌握大数据技术的使用方法,具有使用大数据技术理论知识解决问题的能力。在任务实现过程中:

- 了解什么是大数据技术。
- 熟悉大数据技术的发展历程。
- 掌握大数据技术的使用方法。

● 具有使用大数据技术理论知识解决问题的能力。

学习概要

01
什么是大数据技术

数据采集
数据存储
数据集成
数据分析

02
企业大数据发展与前景

萌芽阶段
发展阶段
基本成型
扬帆起航

学习内容

一、什么是大数据技术

　　大数据技术是指对数据的采集、传输、处理和应用,是一系列使用非传统的工具来对大量的结构化、半结构化和非结构化数据进行处理,从而获得分析和预测结果的数据处理技术。简而言之,大数据技术就是对"大数据"进行处理的技术。大数据技术包含数据采集、数据存储、数据集成和数据分析等内容,如图 2.1 所示。

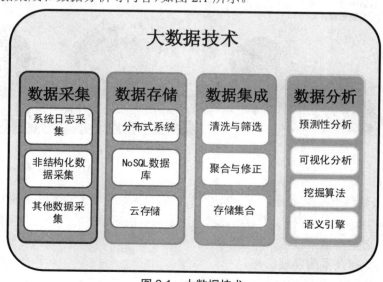

图 2.1　大数据技术

(一)数据采集

数据采集是数据处理的第一步,也可以说是最重要的一步。俗话说:巧妇难为无米之炊。如果没有数据,数据处理也就无从谈起。

数据采集是指针对目标用户,将结构化、半结构化和非结构化数据进行采集的过程和方法。数据采集是一项艰难的任务,其最主要的特点就是面对海量的和不规律的数据以及成千上万的用户同时访问和操作引起的高并发数的数据难以快速采集。

大数据采集方法主要从数据结构的三个类型划分,分别为系统日志采集、非结构化数据采集与其他数据采集。

1. 系统日志采集

系统日志,顾名思义就是指软件和系统在运行过程中产生的结构化和半结构化数据。很多企业都拥有自己的日志采集工具。这类日志采集系统都采用分布式框架,可以满足每秒数百 MB 的日志采集与数据传输。业界中常见的数据日志采集框架有三个,分别为Flume、Chukwa 和 Scribe。

2. 非结构化数据采集

非结构化数据采集主要面向企业内部和网络数据进行采集。其中,企业内部数据采集主要是针对企业内的文档、音频、邮件、图片等数据进行的采集,而网络数据的采集主要是使用爬虫或者网站公开的接口来获取网站的数据。

众所周知,国内外有很多的搜索引擎,其中国内最为著名的是百度,而国外被人们所熟知的是谷歌。搜索引擎的工作原理和非结构化的数据采集紧密相关。搜索引擎的第一步就是对成千上万的网页进行关键词的爬取,图 2.2 为百度蜘蛛概念图,图 2.3 为谷歌“机器人”。

图 2.2　百度蜘蛛概念图

图 2.3　谷歌"机器人"

　　搜索引擎利用爬虫知识对服务器信息进行数据爬取,并建立关键词索引,最终呈现出搜索结果页面。同时,搜索引擎爬虫会抓取网页的大致内容,并向用户展示出页面的大致信息。图 2.4 是百度搜索"大数据与人工智能"关键词的结果页面。

图 2.4　大数据搜索结果页面

　　但是,搜索引擎并不适用于所有的网站,某些网站会采取反爬机制,例如淘宝网。采取反爬机制之后,百度等搜索引擎无法对网站的内容进行网页爬取。图 2.5 是在百度搜索"淘宝"关键词淘宝网反爬取结果。

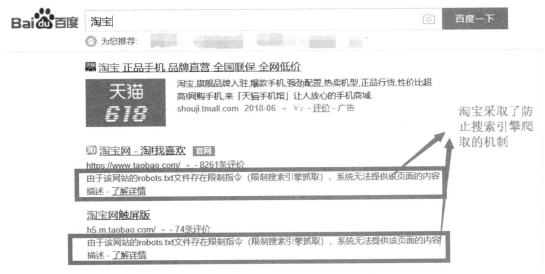

图 2.5　百度搜索"淘宝"关键词淘宝网反爬取结果

3. 其他数据采集

针对企业生产数据和科研机构数据,通常采用企业与科研机构合作的方式,使用特定的方法进行采集。由于此类数据的重要性,所以对该类数据要求保密程度较高。图 2.6 是数据分析企业与科研机构或其他数据厂商合作模式图。

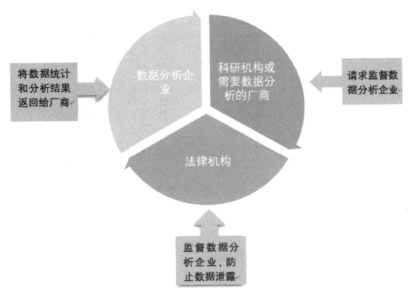

图 2.6　数据分析企业与科研机构或其他数据厂商合作模式

（二）数据存储

在数据采集完成后,需要对采集过后的数据进行存储。大数据由于其数据体量较大,所以不能采取传统的数据存储方式进行存储。现在常用的数据存储方式有以下三种。

1. 分布式系统

分布式系统并非硬件系统,而是建立在硬件基础上的软件系统。分布式系统通过计算机网络互相连接,采取"分而治之"的思想来解决大规模数据的存储问题。分布式系统有两类,分别是分布式文件系统和分布式键值系统。

下面通过一个例子对分布式系统进行说明。例如:有一个大小为 4TB 的文件,但是目前没有这么大的硬盘进行存储。此时为了存储该文件,可以将这个大文件分开,分成 8 个 500 GB 的文件或者 16 个 250 GB 的文件,用多个不同的硬盘对其进行存储。等需要对文件进行读取时,再从每个硬盘中读取文件,最后进行合并。分布式系统概念如图 2.7 所示。

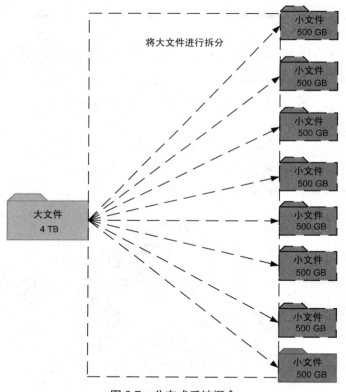

图 2.7　分布式系统概念

2.NoSQL 数据库

NoSQL 数据库是指非关系型数据库。由于传统非关系型数据库无法应对大规模的数据存储,尤其是在面对非结构化数据时显得力不从心,在这种情况下,非关系型数据库应运而生。NoSQL 的出现是为了解决大规模数据存储的问题。非关系型数据库共分为四类,常见的 NoSQL 数据库与种类如表 2.1 所示。

表 2.1　常见的 NoSQL 数据库与种类

分类	案例数据库	应用场景	优点	缺点
键值类型	Tyrant, Redis, Voldemort, Oracle BDB	大量数据的高访问负载,也可以用于一些日志系统	查找速度快	数据无结构化,只能作为字符串或者二进制数据
列式存储	Cassandra, HBase, Riak	分布式文件系统	查找速度快,扩展性强,更容易进行分布式扩展	功能相对有限
文档型数据库	CouchDB, MongoDB	Web 应用	数据结构要求不严格,表结构可见	查询性能不高,缺乏统一的查询语法
图形数据库	Neo4J, InfoGrid, Infinite Graph	社交网络等,用于构建关系图谱	利用图结构相关算法	很多时候对整个图做计算才能得出需要的信息

3. 云存储

云存储是云计算所拓展出的一种新的概念。云存储是指通过集群、网络或分布式系统,将大量存储设备通过软件集合起来协同工作,并对外提供数据存储和业务访问功能的一个存储系统。使用云存储的人可以在任何时间和地点通过网络连接到云上进行云存储。云存储概念如图 2.8 所示。

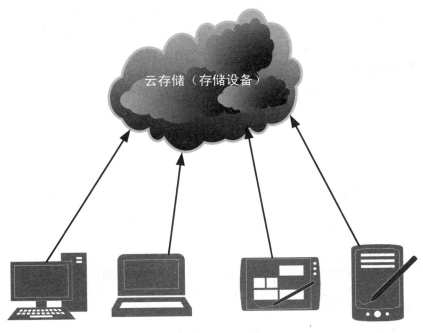

图 2.8　云存储概念

云存储的运用其实已经被日常化,例如现在很多人的手机中都有云服务。云服务会将用户的照片和联系人等信息存储到提供云服务的存储设备中。当用户更换同品牌的手机时,可以登录之前的云账号,将自己曾经备份的数据,恢复在新的手机上,节省了很多不必要的麻烦。图 2.9 为苹果公司的云存储 iCloud 的界面,图 2.10 为华为手机云存储界面。

图 2.9　苹果公司的云存储 iCloud 界面

图 2.10　华为手机云存储界面

(三)数据集成

数据集成是指将采集来的不同类型的数据(包括不同来源、格式)进行集中,从而使处理数据时更加便捷,方便对数据的集中使用。该步骤主要使用分布式文件系统或是分布式计算集群对存储于其内部的数据进行分析和分类汇总。数据集成主要包括以下三个方面。

1. 数据清洗与筛选

存储在 HDFS 中的数据有很多无法满足日常使用,所以在进行数据合并时需要清洗与筛选数据。

2. 数据聚合与修正

数据聚合与修正是指审查清洗完成的数据。在审查过程中,将同类型的数据进行聚合,让数据分类聚合在一起,对错误的数据进行修正。

3. 相关数据存储集合

相关数据存储集合,顾名思义就是将聚合后有关的数据存储在一起,通常是存储在传统数据库中,方便之后数据分析时调取数据。

(四)数据分析

整个大数据处理流程中最核心的部分就是数据分析。在数据分析过程中,会发现数据的价值所在。数据分析主要可以分为以下五种基本方法。

1. 预测性分析

预测性分析是大数据中最常用的方法。预测性分析可以从经过处理的大数据集内挖掘有价值的信息和规则,对信息和规则进行分析,将新的数据带入分析结果中,从而预测未来发生的状况。数据科学家维克托·迈尔 - 舍恩伯格曾提出:大数据的核心就是预测,不是要教机器像人一样思考,而是要把数学计算运用到海量数据上,从而预测事情发生的可能性。

　　例如在 2014 年世界杯期间,很多公司都推出了赛事预测平台。这些预测就是通过大数据技术完成的。在众多预测公司中,中国公司百度成为预测最为准确的公司。图 2.11 为百度、微软、高盛和谷歌的预测准确率对比。

	1/4决赛准确率	1/8决赛准确率	小组赛准确率
Baidu百度	100%	100%	58.33%
Microsoft	100%	100%	56.25%
Goldman Sachs	100%	100%	37.5%
Google	75%	100%	/

图 2.11　百度与其他三家预测机构的对比

　　从图 2.11 中可以看出,百度对世界杯四分之一决赛和八分之一决赛的预测准确率达到了 100%,小组赛预测准确率也超过了其他三家达到了 58.33%。而百度是如何使用大数据预测赛事结果的呢?

　　百度收集了过去五年国际足球赛事的比赛数据、469 家欧赔公司对球队赔率以及赛事预测市场的数据,并将球队实力、近期状态、主场效应、博彩数据和大赛能力等作为影响因素,最终研究出"基于赔率的换算和多元数据融合"的预测模型。表 2.2 为百度等四家公司的预测技术对比。

表 2.2　四家公司预测技术对比

	数据来源	影响因素	预测模型
百度	过去五年正式国际足球比赛数据 469 家欧赔公司的赔率数据 赛事预测市场数据	球队实力、近期状态、主场效应、博彩数据、大赛能力等	基于赔率的换算和多元数据融合
微软	Betfair 博彩交易市场数据	交易所价格(类似赔率)	"赔率—胜率"换算方式
高盛	主要来自 1960 年以来的正式国际足球比赛数据(不包含友谊赛)	队伍的 Elo 排名、最近的平均进球数和失球数、是否参加世界杯、是否主场	回归分析
谷歌	Opta Sports 海量赛事数据	球员粒度级别的各方面数据(包括跑动、传球、射门、犯规等)	基于球队实力的排序模型以及一些用球迷热情度和巴西的球迷人数衡量主场优势等方法

　　从表 2.2 中可以看出,百度采取的数据来源最为广泛。拥有大量的数据作为支撑,所以百度最终预测准确率超过其他三个公司。图 2.12 为百度预测界面。

图 2.12　百度预测界面

2. 可视化分析

　　可视化分析是将处理过后的数据,采用可视化的效果展示出来,这也是对大数据分析的基本要求。因为无论学者还是普通人,可视化分析都可以直观地呈现大数据的特点。数据可视化分析领域中最为著名的案例当属弗洛伦斯·南丁格尔所发明的“南丁格尔玫瑰图”。

　　弗洛伦斯·南丁格尔(Florence Nightingale,1820—1910)是一位英国的护士和统计学家。她通过对大量的军事档案的分析,构建出“南丁格尔玫瑰图”。图 2.13 为南丁格尔玫瑰图。

　　南丁格尔玫瑰图的创建就是为了解决公务人员不懂传统统计报表的情况而发明的。弗洛伦斯·南丁格尔通过该方法打动了很多高层官员,甚至包括当时的英国女王亚历山德丽娜·维多利亚。最终由她提出的医疗改革方案得到通过,挽救了后来很多病人的性命。南丁格尔也被认为是现代护理事业的创始人,直至现在护理界的最高荣誉依然是 1912 年设立的“弗洛伦斯·南丁格尔奖章”,而南丁格尔的生日 5 月 12 号也被设立为“国际护士节”。图 2.14 为弗洛伦斯·南丁格尔工作图。

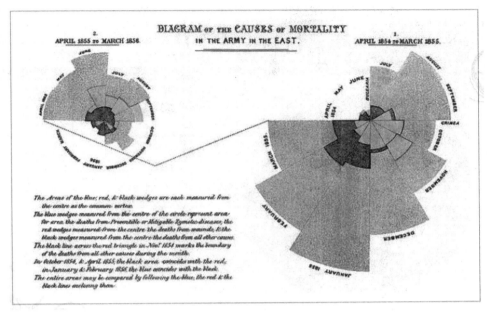

图 2.13　南丁格尔玫瑰图

图 2.14　弗洛伦斯·南丁格尔工作图

时至今日,由于计算机和大数据的发展,人们不需要如南丁格尔一般去通过个人分析数据,手绘分析结果图。面对海量的数据,人力分析的效率极其低下,通过计算机和大数据集群分析数据和绘图成为主流。图 2.15 为两位外国专家对美国航空航天局的数据分析进行的可视化,解读了美国航空航天局五年的预算,并分析其预算如何花费、花在何处。

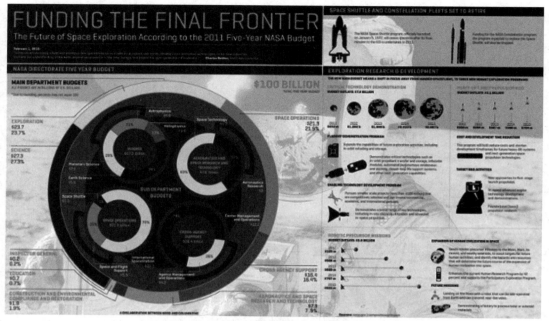

图 2.15 美国航空航天局数据统计分析

3. 挖掘算法

如果说大数据可视化是给人看的,那么数据挖掘算法就是给计算机看的。计算机通过对算法的学习,可以按照算法编写人员的要求执行。常用的数据挖掘算法有分类、预测、关联规则等。

4. 语义引擎

语义在这里指数据的含义。语义技术就是通过深入理解用户检索的词语,通过对词语语义层次的理解,处理用户的检索请求。语义搜索是结合大数据与人工智能的一种技术。

例如:当用户在一篇文章中搜索"生日"相关词语,语义引擎可能会获取包含"蛋糕""蜡烛"和"祝福"的文本信息,但是可能"生日"这个关键词根本没有出现在对应的文本当中。

世界著名零售商"沃尔玛",为应对零售业的巨大挑战,开始开发语义搜索系统"北极星(Polaris)"。沃尔玛是全球最大的连锁超市,在 27 个国家拥有超过 10 000 家门店,员工总数据达 220 多万人,每周可以接待 2 亿人次的顾客。但在 2015 年年初,有分析师预测:沃尔玛将被阿里巴巴超越,阿里巴巴将成为全球最大的零售企业。此时的沃尔玛正处在腹背受敌的状况:在国外有来自中国的零售巨头阿里巴巴,在本国有老牌电商网站亚马逊。

为了应对上述状况,沃尔玛旗下的沃尔玛高科技实验室研发了"北极星(Polaris)"搜索系统。"北极星"搜索引擎帮助沃尔玛提升了 15% 的销售额。沃尔玛所采用的是监控社交媒体上用户的评论,从而对评论进行大数据分析。北极星系统进行关键词和同义词搜索,分析出结论后,改变企业的营销模式。图 2.16 为沃尔玛实验室官网。

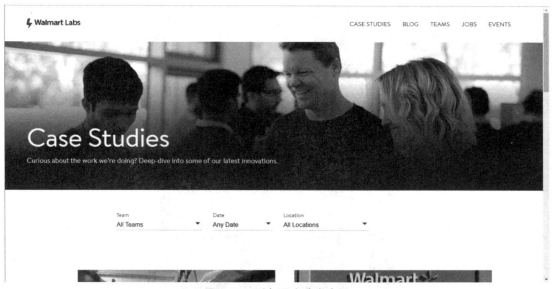

图 2.16　沃尔玛实验室官网

二、大数据技术的发展

大数据技术自 1887 年出现萌芽以来,直到今天已经有了一套完整的体系与解决方案。从最基础的"卡洞读取机"到现在各个行业对大数据的运用,无数的专家和学者对大数据技术的研究从未止步。

(一)萌芽阶段

1887—1890 年,美国著名统计学家赫尔曼·何乐礼(Herman Hollerith)与美国人口调查局签署协议,发明了"卡洞读取机",该机器是一台可以读取卡片上洞数的电动机。赫尔曼·何乐礼发明的机器,使得本来需要 8 年完成的人口普查,缩短至 1 年。他所创立的制表机器公司(Tabulating Machine Company),也是国际商业机器公司(IBM)的前身之一。赫尔曼·何乐礼的发明成为使用工具处理大规模数据的一次宝贵尝试。图 2.17 为赫尔曼·何乐礼与他发明的制表机。

(二)发展阶段

1. 大规模数据采集的第一次尝试

在 1935 年,美国总统富兰克林·罗斯福开展了一项数据收集项目。该项目需要收集的数据是 2 600 万个员工和 300 万家企业的记录。这次活动是早期数据大规模采集的一次实验。

2. 数据处理逐步成型

在第二次世界大战中,德国的恩尼格码机为德军的指令传输做出了巨大的贡献。恩尼格码机是一种加密机器,德军将指令通过恩尼格码机输入,恩尼格码机会将指令转换成密码。英国为破译德军的密码,研发出了一款大规模数据处理计算机,名为"巨人"。"巨人"同时是世界上第一台可编程计算机。"巨人"计算机可以以每秒钟 5 000 字符的读取速度读取纸卡,将本要耗时数周的任务缩短至几个小时,最终促成了"诺曼底登陆",为盟军赢得第二次世界大战做出了巨大贡献,同时也为人类的解放做出了巨大的贡献。"巨人"计算机的处理思想,是大数据处理的一次宝贵经验,图2.18为"巨人"计算机。

图 2.17　赫尔曼·何乐礼与制表机

图 2.18　"巨人"计算机

3. 整体概念被提出

美国宇航局的两位研究员:迈克尔·考克斯和大卫·埃尔斯沃斯,第一次使用"大数据"

这一名词来描述实际面对的问题。20 世纪 90 年代,两位研究员使用超级计算机模拟飞机周围的气流,超级计算机产生了大量的数据和信息,他们称这些数据是无法被处理和可视化的,数据集大到超出了主存储器、磁盘容量,甚至远程磁盘的能力。他们将这些问题称之为"大数据问题"。

(三)基本成型

1. 技术创新

2006 年,发生了一件对于大数据技术领域来说可谓是里程碑式的事件——Hadoop 项目诞生。Hadoop 项目自成立之初就被整个数据科学界所熟知。直至今日,Hadoop 依然是大数据技术领域应用最多的项目,它为之后发展的项目和框架提供了基础,Hadoop 本身也在不断地发展。图 2.19 为 Hadoop 项目的标志。

图 2.19　Hadoop 项目标志

2. 硬件升级

2010 年,由我国生产的"天河 1-A"号超级计算机组装完毕,同时也成为世界上计算速度最快的超级计算机。"天河 1-A"号有 1 PB 的存储空间,计算速度达到了每秒 4 700 亿次。"天河"系列计算机为我国的大规模并行计算提供了坚实的硬件基础,同时也为我国未来的超级计算机的发展带来了经验。图 2.20 为"天河 1-A"号超级计算机。

图 2.20　"天河 1-A"号超级计算机

（四）扬帆起航

随着大数据概念和大数据技术的不断发展，2013 年大数据的概念被越来越多的人所熟知。2013 年也被称为我国大数据的元年。金融、医疗、物联网等多个方面的业务开始和大数据技术结合。各个世界级的互联网企业都开始将其业务与大数据技术结合。

2013 年之后，全球范围内开始对大数据技术高度关注。随着科学技术的发展，硬件技术水平和软件技术水平也在不断地提升。

硬件技术：超级计算机计算速度不断地提升，从我国的"天河"系列到我国的"神威·太湖之光"（2017 年验收）再到 IBM 公司的"Summit"（2018 年），超级计算机正在一次次地突破运算速度的极限，这也说明同等数据量的运算时间将会越来越短。

软件技术：以 Hadoop 为基础的大数据处理软件在不断地发展。截至 2017 年，Hadoop 整个软件生态体系中已经有 11 个项目，并且依然在不断地发展。

知识回顾

大数据技术

概念	大数据技术的发展
大数据技术是指：对数据的采集、传输、处理和应用，是一系列使用非传统的工具来对大量的结构化、半结构化和非结构化数据进行处理，从而获得分析和预测结果的数据处理技术	萌芽阶段 发展阶段 基本成型 扬帆起航

任务二　数据处理工具与数据安全

问题导入

学习目标

通过对数据处理流程和工具的学习,能够了解数据处理流程,熟悉大数据处理流程步骤,掌握大数据框架知识,具有大数据安全体系认知能力。在任务实现过程中:

- 了解数据处理流程。
- 熟悉大数据处理流程步骤。
- 掌握大数据框架知识。
- 具有大数据安全体系认知能力。

学习概要

01

大数据处理框架

什么是大数据处理框架
Hadoop（离线处理框架）
Spark（快速计算框架）

数据处理工具与
数据安全

02

数据安全

数据安全问题
数据安全实现与方法
数据安全实现难点与挑战

学习内容

一、大数据处理框架

（一）什么是大数据处理框架

大数据处理框架是一个完整的处理解决方案，指融合了数据采集、数据存储、数据集成和数据处理的体系框架。现在被广泛应用的大数据生态系统有离线处理 Hadoop 和快速计算 Spark。

（二）Hadoop（离线处理框架）

Hadoop 是一个分布式基础架构，由 Apache 基金会开发。Hadoop 中包含一个分布式文件系统 HDFS 和一个分布式计算框架 MapReduce。Hadoop 还拥有高扩展性，可以将其他协作软件进行组合。Hadoop 框架如图 2.21 所示。

从图 2.21 中可以看出，Hadoop 包含了本情境介绍的所有大数据处理流程所需要的内容，包括用于数据采集的 Flume，用于数据存储的 HDFS、HBase 和 Hive，用于数据集成的 MapReduce 和 Sqoop。在 Hadoop 生态体系中，甚至还包括了机器学习的部分，为人工智能打下基础。

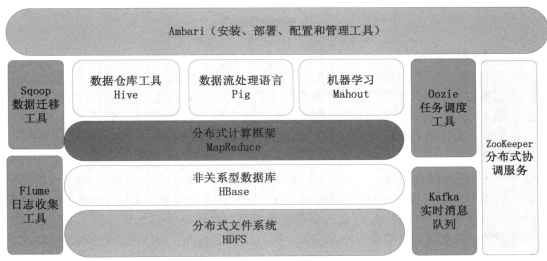

图 2.21　Hadoop 框架

(三)Spark(快速计算框架)

Spark 同样是隶属于 Apache 基金会的开源项目。Spark 是为大规模数据处理而设计的计算引擎。Spark 与 Hadoop 的区别是，Hadoop 更像一个分布式基础设施，包含了大数据处理的所有功能,而 Spark 是一个用于对分布式存储的大规模数据进行处理的工具。Spark 并没有数据存储功能。

图 2.22 为淘宝的"猜你喜欢"页面。

图 2.22　淘宝"猜你喜欢"页面

二、数据安全

（一）数据安全问题

在大数据技术正在飞速发展的今天，数据安全成为最为严峻的问题。

数据被称为新时代的"石油"或"黄金"，正在成为企业和国家的核心资产，成为企业创新的关键基础，成为国家的重要战略资源。数据的价值越来越大，这引来了违法分子的关注。他们除了直接盗取数据进行倒卖之外，也通过全面的数据分析进行精准的诈骗活动，甚至对用户数据进行加密。

2016年，欧洲议会通过了《一般数据保护条例》，在2018年5月25日生效。该条例对欧盟公民的隐私保护做出了极为严格的要求：违规企业可能最高被处以2 000万欧元或者前一年全球总年营业额的4%收益的罚款。该条例对全球众多企业都产生了非常大的影响。我国经过长时间的酝酿与讨论，在2016年11月7日发布了《中华人民共和国网络安全法》，该法律于2017年6月1日实施。个人信息和重要数据的安全是这部法律的重要组成部分。

数据安全问题受到全世界从政府到普通消费者的各种不同角度的关注，但随着对数据安全的关注度越来越高，人们似乎陷入了另外一种风险中，那就是"数据恐慌"。"数据恐慌"是对数据采集和使用的过度限制和禁止，而不是通过数据保护能力的提升来改善数据安全水平。如果这种趋势不能遏制，会导致法律法规、政策标准严重制约数字经济的发展，会使广大消费者对新经济丧失信心，导致各种创新创业受挫，这是对数字经济发展的不利影响。

数据只有流通共享才能促进产业协同发展，优化资源配置，更好地激活生产力。大数据时代的生产过程就是数据采集、数据存储、数据应用和数据共享的过程。这是一个以数据为中心的经济时代，以数据为中心的安全能力至关重要。当前大数据面临着很多挑战与机遇，如图2.23所示。

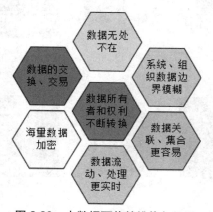

图2.23　大数据面临的挑战与机遇

1. 数据无处不在

随着信息化的发展，各组织机构的业务被数据化，数据被广泛应用于组织的业务支撑、经营分析与决策、新产品研发、外部合作，数据也不再只是管理者拥有的权利，上至管理者，下至实际业务岗位,都在使用数据。

2. 系统、组织数据边界模糊

组织内部的核心业务系统、内部办公系统、外部协同系统不再是直线结构。数据之间共享程度最大化,使系统间存在大量数据接口。系统以网状分布,互为上下游,每个系统都是其他系统的一部分,同时其他系统也是自身系统的一部分。数据的流通也进一步促进了组织间的协同发展。

3. 数据关联、集合更容易

大数据技术的广泛应用使数据采集与使用更加便利,数据的种类更加丰富,可关联的数据也大大增加。数据运算能力的提升使得数据关联或聚合的效率更高。

4. 数据流动、处理更实时

实时数据处理技术的发展使得数据的流动和处理更加实时,在提升效率的同时也加剧了安全的挑战。

5. 海量数据加密

大量数据的沉淀,使敏感数据量越来越大,传统的数据加密手段效果越来越差。如何在灵活使用数据的同时还能够高效、安全地保护数据,也是急需解决的问题。

6. 数据的交换、交易

数据成为核心生产资料,其价值越来越受到重视。数据交换、交易行为的市场应运而生。如何确保这些行为的安全,进而维护好国家、组织与个人的合法权益,是巨大的挑战。

7. 数据所有者和权利不断转换

目前行业主流的数据相关方有数据主体、数据生产者、数据提供者、数据管理者、数据加工者和数据消费者,数据的使用权利不断转换,而数据的所有者及相关权利的界定至今未能达成一致意见。

(二)数据安全实现与方法

1. 设立组织

为了有效保障数据安全政策的落地实施,企业应该设置专职的数据安全团队。此外,还需要设立面向全组织的数据安全委员会,委员会需要有来自业务、数据、安全、法律等多方面、多领域的不同角色参与,形成专业互补和完整的组织,统筹全局的数据安全管理政策,兼顾发展与安全,推进各部门落实数据安全各项政策。数据安全是系统性工程,服务于组织的大数据战略,需要得到组织高层管理者的重视。数据安全委员会负责人应该是组织内的最高管理层。

2. 盘点现状

数据安全的核心是数据,需要对海量数据资产以及数据相关的部门、业务、流程进行盘点,重点梳理数据的种类、数据量、核心的数据内容、数据来源以及数据的安全分级情况和流转。与数据相关的业务主要是指以数据为核心生产要素的业务,这类业务高度依赖数据。

(三)数据安全实现难点与挑战

1. 高层重视度不足

负责人的层级不足,难以协调;提供的资源投入有限,力度不足;仅作为合作,响应被动;缺乏长远性布局,缺乏长远的数据安全技术研究与投入。

2. 业务部门配合意愿低

其他业务部门认为这是安全部门的事情,因而主动性不强,业务能力不足,从而导致数据安全政策未实际贴近业务,影响政策实际落地及业务发展。

3. 内部系统繁多,数据庞杂

业务的 IT 化促成大量数据产生。系统间的数据接口成为基础治理工作的重要部分。日常实践中,治理工作往往得不到重视,管理者的急功近利忽视了基础治理工作的重要性。

4. 政策落地难

由于历史因素影响,组织本身存在大量业务,大数据安全政策难免与现有业务流程产生冲突,冲突发生时数据安全问题为其他业务让路,造成数据安全政策落地难的困境。

5. 业务快速发展

大数据引发业务创新的加速,业务出现快速发展的势头,频繁迭代升级,因而数据安全政策及技术手段更容易落后。

知识回顾

数据处理工具与数据安全	
大数据处理框架	**数据安全**
什么是大数据处理框架 Hadoop（离线处理框架） Spark（快速处理框架）	数据安全问题 数据安全实现与方法 数据安全难点与挑战

学习情境三　大数据在各行业应用案例

任务一　企业大数据

问题导入

学习目标

通过对企业大数据的学习,了解企业大数据核心概念,熟悉企业大数据应用发展,通过企业大数据案例,分析大数据的实际作用,能够根据企业大数据当前发展了解企业未来大数据发展方向。在任务实现过程中:

- 了解企业大数据核心概念。
- 掌握企业大数据应用发展。

● 掌握企业未来大数据发展方向。
● 通过学习企业大数据实际案例,分析大数据的实际作用。

学习概要

01 什么是企业大数据

02 企业大数据发展与前景

企业大数据

03 企业大数据应用

04 企业大数据应用案例

学习内容

一、什么是企业大数据

近年来,由于企业大数据的广泛应用,业务的种类也越来越丰富,如精准营销、新业务新产品推广、广告推送、代言人选择、社交媒体、可视化展示、消费者行为分析、库存管理、溢价收益、信贷保险等。大数据开始更加广泛地应用到各个领域中。大数据应用领域概念如图3.1 所示。

企业大数据的核心价值在于对数据进行收集、存储和分析之后汇总得出结果。通过对得出的结果进行分析,为企业提高运营效率、增长业务价值,并为开拓新的业务方向提供参考,为企业发展提供战略支持,提升企业的整体竞争力。与其他现有的技术相比,大数据技术具有廉价、快速、优化等特点,因此成为综合成本最低的方案。

对于企业发展,使用大数据解决方案的价值主要体现在三方面。第一,能够实时和快速地处理海量数据。第二,企业可以利用大数据解决方案,对分布于互联网的海量数据进行采集、处理和分析,并根据分析产生新的数据,从而获取所需数据资料,最终将这些数据资料与已知的业务融合,促进企业产品和服务的营销。第三,利用企业积累的和存于互联网的大数据,推出各种新产品和新服务。

图 3.1　大数据应用领域概念图

二、企业大数据发展与前景

　　我国企业对大数据技术应用可以分为三个阶段：第一阶段是在 2010 年至 2012 年，该阶段大数据应用关注数据和机器的关系，由于局限于传统的 IT 思维，只不过在很多小数据应用上强行贴上应用大数据技术的标签；第二阶段是在 2013 年至 2014 年，该阶段重点研究数据与人的关系，可视化和预测应用发展占据了主要市场；第三阶段是在 2014 年后，大数据技术应用重点转向分析数据和数据之间的关系，使得企业需要创新大数据应用，包括数据的开放、共享和交易到基础数据处理分析等，从而提取相关数据价值。

　　随着企业使用大数据从内部不断向外部延伸，产业链和生态圈也在不断地拓展，企业的数据视野也越来越宽。在初期，企业仅关注内部数据，但是在大数据时代，内部数据已经不能完整支持产业变革，需要延伸至关注社会数据，包括交易数据、人工合成数据、机器数据、社会网络数据等。企业大数据发展轨迹如图 3.2 所示。

　　企业大数据在中国的发展仍处于初级阶段，虽然企业对数据的运用已久，但对于实际应用大数据技术还有许多问题需要解决，具体问题如图 3.3 所示。

1. 落地实施

　　随着大数据概念的深入推广，现在的企业如果不讲大数据，不引入大数据技术，就会让人感觉技术落伍，没有跟上时代的发展，企业管理落后。此现象产生的原因固然有理论先行于实践的过分概念化问题，但是企业切实需要对数据进行深入使用来帮助企业增强核心竞争力。如何应用好这些数据仍处于摸索阶段。

2. 数据孤立

　　数据孤立是企业大数据发展的重大问题。一方面，各行业、企业和政府都在竭尽所能地采集数据、占有数据和利用数据。另一方面，大部分数据被各个行业、企业、机构和政府封锁，形成"数据孤立"现象，无法自由流通，缺少数据连接。

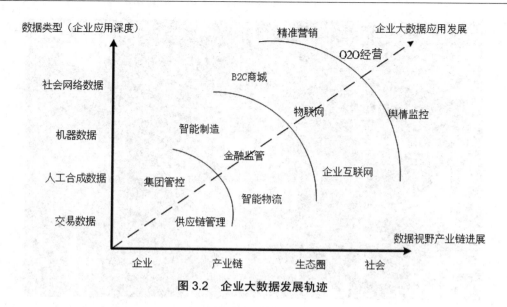

图 3.2　企业大数据发展轨迹

图 3.3　企业大数据发展问题

3. 技术鸿沟

当今是以数据为主的时代,企业想要利用现有资源争取更大的市场,必须自主掌握用户的数据。然而,由于各个企业水平的不同,在大数据的应用过程中不同企业之间产生了十分巨大的鸿沟。这不仅浪费了数据资源,也为企业精准营销带来了困难。

4. 中小企业之殇

对于中小型企业,大数据技术的引入可能带来了很多机遇,但资金不足和数据关联度低使其无法很好地运用大数据技术。企业若无法灵活地采取行动,即使有再高明的见解也毫无价值。

三、企业大数据应用

大数据时代,企业面对海量数据和新的数据源,能否根据这些数据的分析进行决策,是企业所面临的一大挑战。大数据给企业发展能够带来诸多好处,但企业同样面临如何获取与分析数据的问题,只有解决这些问题才能让企业更好地发展。解决这些问题有五种方式如图3.4所示。

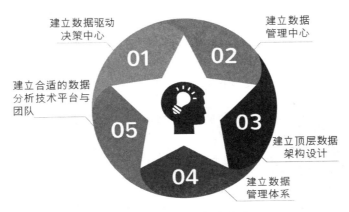

图 3.4　企业大数据解决方式

1. 在文化层面做出调整,建立数据驱动决策中心

在传统的企业发展中(特别是在某些领域已经取得过成功的企业),往往形成固定的企业文化、管理流程和管理制度,想要建立数据驱动决策中心就须打破原有的管理流程与管理制度,将决策的过程数据化、客观化和扁平化。企业如果仅凭借历史经验进行市场竞争,有很大弊端。尤其是进入互联网时代后,互联网时代要以客户为中心,以生态产业链为运行模式,这必然会使企业有颠覆性改变。世界著名零售商"沃尔玛"就是企业根据市场需求做出改变的良好示例。

"沃尔玛"具有强大的数据仓库系统,通过对顾客的消费习惯,可以精准地分析顾客购物行为。由于企业本身具有强大的数据仓库系统来存储顾客购物的详细数据,因此"沃尔玛"可以对这些原始交易数据进行挖掘和分析,发现顾客在消费时经常同时购买的商品有哪些。最终的数据汇总结果令人大跌眼镜,"啤酒与尿布"竟然是同时购买最多的组合,这是"沃尔玛"通过对顾客购买历史数据分析的结果。企业决策人员根据这一结果进行实际分析调查发现,在美国,年轻一些的父亲下班后被妻子要求为孩子购买尿布,在购买尿布的同时很可能给自己购买喜欢的商品,比如啤酒。"沃尔玛"超市根据这一数据做出调整,将啤酒与尿布摆放在较近的位置,甚至推出共同的促销活动,结果啤酒与尿布的销量都迅速增加了。这就是一个大数据营销的案例,通过大数据分析客户的购买行为并做出调整。

2. 建立数据管理中心的组织架构

如果没有完整专业的数据管理团队,很难发挥大数据的分析能力。数据只是信息的集合,如果不能将这些大量的数据转化为对企业有价值的决策依据,那么数据就如同堆在垃圾厂的垃圾。要想把数据和信息转化成对企业有用的信息,就必须建立专业的数据管理团队。

3. 建立顶层的数据架构设计并加以实施

在系统规划时,需要有顶层的信息化战略规划,其中最重要的一个环节就是数据架构设计和实施路线。数据架构设计是确保企业所有数据环节具有统一的数据标准,具有唯一的数据字典及核心的数据管理系统,从而保障企业数据的完整性、一致性和有效性。

4. 建立完善的数据管理体系

如果没有完善的数据管理体质,即使有优良的顶层数据架构设计和严格的系统实施方案,数据的质量也会跟不上企业的发展速度,难以完成驱动决策的使命。阿里云平台通过对数据的分析新增了诸多用户。

阿里云平台具有海量的交易信息数据。阿里云通过对商户最近一段时间的数据进行分析,能够发现一些客户可能存在资金问题,然后阿里金融就派出相应的人员与之沟通,通过这一方法增加了贷款客户。图 3.5 为阿里金融标志。

图 3.5 阿里金融标志

5. 建立合适的数据分析技术平台和技术团队

数据分析技术平台与团队设计兼容传统内部数据分析和目前不断出现的海量外部数据分析,能够高效地建立技术平台,并降低成本,保证满足未来拓展的需求。趣多多公司通过数据分析团队的数据分析取得了良好的效果。

趣多多公司通过大数据分析锁定了主流消费群体为 18~30 岁的年轻人,这些人喜欢并习惯使用当前较流行的网络社交平台,如微博、微信、QQ 等社交 APP。在愚人节当天进行了全天集中式广告投放,围绕品牌的口号展开话题,使品牌在最佳时机得到了最大化的曝光。图 3.6 为趣多多广告。

经过近几年的科技发展,商业审视自身与市场的方式已经有了本质上的变化。在过去的 20 年里,发生过两场世界级的经济波动:一是 2000 年的互联网泡沫破裂,二是 2008 年的全球经济衰退事件。在这两大经济危机作用下,企业都尽量减少开支、努力提升自己的效率,以保障正常盈利。当全球经济开始复苏后,各个企业又纷纷充满斗志,希望通过推出新的产品与服务,并且增强业务从而找到新的顾客。企业通过经济的变化发现,全球经济会因很多因素而改变,而企业需要根据全球经济的变化而做出调整。如果企业能够在全球经济变化前做出反应,那么对企业未来的发展有极大的帮助。根据这一原因,企业以大数据技术扩充其商业智能,通过分析全网络信息资源,感知市场发展,完成自我定位。大数据市场发展"金字塔"如图 3.7 所示。

图 3.6　趣多多广告

图 3.7　大数据市场发展"金字塔"

四、企业大数据应用案例

通过对数据集合中合理的、标准的、企业范围内的数据进行分析,并将其与半结构化(XML 数据)和非结构化(Word、PDF、文本、媒体日志、视频和声音等)的数据源结合,以传统商业智能为基础完成大数据商业智能构建。大数据商业智能既有预测性分析能力,又有规范性分析能力,能够加快企业的效益增长。传统的商业智能分析数据仅注重单个业务流程,而大数据商业智能分析能够注重多重业务进程,更能通过多个角度审查企业运行的异常情况。

（一）EMS 智能物流大数据平台

1. 项目概况

中国邮政 EMS 速递部门部署大数据平台，对其全国的揽投部、处理中心和集散中心的数据（已接收、留存件、已封发、已发运、未发运等）进行处理。大数据平台将企业生产总线流通的数据实时动态加载至流处理集群以及实时数据库，进行实时统计和指标检测，并实现实时数据查询。图 3.8 为 EMS——智能物流大数据平台概念图。

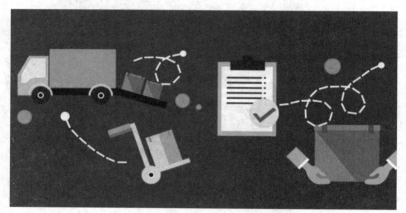

图 3.8　EMS——智能物流大数据平台概念图

2. 项目规模与用户范围

项目规模：8 个工作集群，6 个开发测试集群；用户范围：邮政集团多个部门。

3. 项目实施效果

（1）支持完成十多项主题案例分析及大量日常数据提取。

（2）通过大数据的分析对快递流程进行改善优化。

（3）监控数据进而对全国各处理中心的收寄和运载能力、出班投递计划作实时优化调整，降低成本。

（4）大数据平台平稳支撑 2014 年"双十一"数据处理压力。

（二）广东移动——139 协同运营中心大数据平台

1. 项目概况

珠海的 139 协同运营中心是珠海自己的一个数据分析和展示系统，保证日常数据的处理与监控。图 3.9 所示为广东移动——139 协同运营中心大数据平台前台。

2. 项目规模

该项目有 28 个节点，用户范围为广东移动 IT 部门及珠海移动。

3. 项目实施效果

①支持完成十多项主题案例分析及大量日常数据提取。

②帮助 139 系统分析、整合 BI、财务数据和客户标签数据，建立珠海大数据中心仓库，形成明细号码级别的大数据表。

③集成于 TDH 的分布式数据工具，可以并发地从关系型数据库导出数据到分布式文件系统 HDFS。

④支持多用户模式,可以不限制所有用户对表和数据的访问,也可以精确控制每个用户对于某个表的查询、删除以及修改的权限。

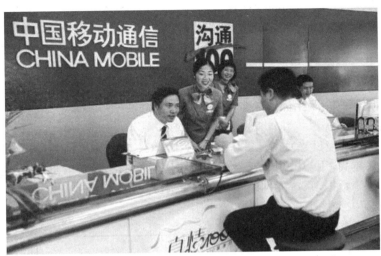

图 3.9　广东移动——139 协同运营中心大数据平台前台

(三)中国联通大数据平台

1. 项目概况

联通集团公司按照工信部的要求,于 2013 年启动 IDC/ISP 日志留存系统建设,为满足海量数据条件下的处理效率问题,额外定制一款基于 Hadoop 的数据存储部分,通过软件技术服务进行系统优化和维护。图 3.10 为中国联通大数据平台概念图。

图 3.10　中国联通大数据平台概念图

2. 项目规模

该项目有 667~2 000 个节点,用户范围为中国联通集团。

3. 项目实施效果

①数据仓库支持高速数据插入,数据插入吞吐量不低于单节点 30 MB/s。

②数据仓库支持对数据的高并发查询,单节点 SQL 并发度不低于 3 000 次 / 秒。

③数据仓库支持利用 SQL 对数据的高速统计分析,线性扫描不低于单节点 80 MB/s。

④支持集群部署,支持节点规模大于 1 000 的集群,支持在线的集群节点增加、删除等管理。

⑤具备分布式文件系统功能,能够存储超大文件及数千万至数亿文件。

(四)江苏电信——网络优化大数据平台

1. 项目概况

运营商的网络环境日趋复杂,其中无线入网有 2G、3G、WIFI 和 LTE 等多种方式,基站的分布密度越来越高,用户数也越来越多。对于海量的网络设备信息、网络运行信息、用户信息和终端呼叫等数据,系统的网络优化越来越困难。江苏电信为了实现对数据进行统一统计分析,部署了大数据平台。图 3.11 为中国电信标志。

图 3.11　中国电信标志

2. 项目规模

有 16 个节点,用户范围为江苏电信。

3. 项目实施效果

①解决海量数据存储问题,优化系统半年处理数据记录高达 90 T。

②完成历史数据查询,支持超过一年时间跨度的快速查询。

③建立了快速的指令分析平台,大量的指令、无线参数、网络配置参数等数据通过大数据平台分析。

④平滑的系统迁移。

(五)山东省公安厅——智能交通项目

1. 项目概况

通过信息化手段提高交通管理水平和保障道路安全。山东省公安厅需要部署大数据来存储飞快膨胀的数据,以满足快速查询的需求。图 3.12 为山东省公安厅智能交通项目界面。

图 3.12　山东省公安厅智能交通项目界面

2. 项目规模

有 100 个节点,用户范围为山东省公安厅。

3. 项目实施效果

①使用流式计算集群对过车记录进行实时统计和监测,实现实时分析,系统处理信息延迟在 2 秒内,较好地提高了交通管理效率。

②可以通过车牌搜索过往车辆信息,将搜索结果转为行车轨迹,查看当前行车状况,并实时监控。

③展现卡口配置数据和当前车速、平均测速等计数信息。

④分析在某两个特定时间点在区域 A 和区域 B 都出现的车辆。

⑤统计输出所有可疑套牌车辆,分析结果按照时间排序。

(六)中国电力科学研究院南京分院——电力大数据平台

1. 项目概况

中国电力科学研究院承担了培育备选项目"面向电力应用的大数据关键技术及服务体系研究",提出面向大数据基础计算构架、深度数据挖掘信息检索及可视化展现、电力大数据安全等多个领域,涵盖公司主营业务范围的融合型数据服务框架。为此,需要通过完成大数据架构的探索来提高业务分析水平。图 3.13 为电力大数据海报。

图 3.13　电力大数据海报

2. 项目规模

有 50 个节点,用户范围为南京电科院。

3. 项目实施效果

①提供统一的数据集成管理、数据处理、数据分析、数据安全服务及面向业务应用的研发仿真环境,促进业务数据的获取与集成、业务模型的优化整合,从数据层为业务的服务增值提供保障。

②提供面向流数据、实时数据和批处理的大数据平台。

③大数据集群设计:分布式文件系统设计、分布式管理框架设计、内存数据库设计、在线数据处理引擎设计及流计算引擎设计。

④数据可视化:支持第三方数据可视化工具。

(七)华通 CDN 运营商海量日志采集分析系统

1. 项目概况

淘宝为了降低服务器的访问负载压力,需要 CDN 运营商华通帮助减少图片等多媒体的访问下载。因此华通需要时刻监控图片等媒体数据的访问频率和热度,通过即时的分析,得出图片的热度分布,从而尽快调整缓存策略,以提高缓存,降低电商服务器压力。图 3.14 为日志采集流程界面。

2. 项目规模

有 100 个节点,用户范围为淘宝以及运营商华通。

3. 项目实施效果

①支持峰值 928 万 /S 的数据写入和分析。

②完成缓存服务器日志数据从节点到中心的数据采集汇聚。

③通过 UDP 方式采集服务器日志,将采集的数据通过流式传输的方式发送至数据汇总服务器。

④数据汇总服务器将汇总日志写入数据存储分析平台。

⑤将日志进行清洗后,进行实时压缩处理,并传输至第三方系统。

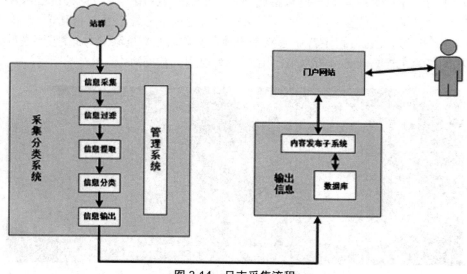

图 3.14　日志采集流程

(八)华数广电——用户行为分析

1. 项目概况

随着国内广电用户的增长,了解并分析用户行为将对广电未来的业务发展起到针对性指导作用,并将产业未来的商业价值挖掘及服务能力提升起至关重要的引导作用。图 3.15 为华数广电日志行为分析概念。

图 3.15 华数广电日志行为分析概念

2. 项目规模

有 29 个节点,用户范围为华数广电。

3. 项目实施效果

①通过大数据技术满足海量、多来源、多样性数据的存储、管理和分析要求,提供实时的数据分析,并迅速作用于业务。

②实现全业务数据的统一管理和分析,实现跨域的数据融合及创新。

③通过大数据平台整合业务,为用户提供融合、个性化的内容服务。

(九)锦江电商——智能推荐平台

1. 项目概况

随着互联网电商的兴起,了解并分析用户行为将对电商未来业务的发展起针对性指导作用,并且对产业未来的商业价值挖掘及服务能力提升起至关重要的引导作用。锦江集团希望通过研究用户与用户、用户与商品、商品与商品的关系体系,感知用户在不同行为下的需求变化。通过推荐的形式加速信息流动,将可能受喜好的信息或实物推荐给用户。图 3.16 所示为锦江电商智能平台宣传。

图 3.16 锦江电商智能平台宣传

2. 项目规模

有 20 个节点,用户范围为锦江电商集团。

3. 项目实施效果

①通过大数据技术满足海量、多来源、多样性数据的存储、管理和分析要求。

②数据分析提高用户忠诚度、成交转化率和网站交叉销售。

③实现智能推荐平台的大数据构建。

通过对多个大数据案例的分析,发现大数据经过数据采集、分析挖掘、安全管理和智能决策后应用方向是非常广泛的,如电信、新闻、交通、智慧城市等。大数据协同产业概念如图 3.17 所示。

图 3.17 大数据协同产业概念

知识回顾

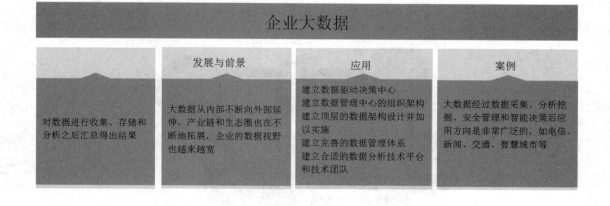

任务二　企业级大数据应用

问题导入

学习目标

通过对企业级大数据应用的学习,了解大数据行业发展,掌握企业大数据应用技术,能够通过企业大数据应用,分析当前阶段大数据应用体系,具有分析大数据知识的能力。在任务实现过程中:

- 了解大数据行业发展。
- 熟悉企业大数据实现功能。
- 掌握企业大数据应用技术。
- 具有分析大数据知识的能力。

学习概要

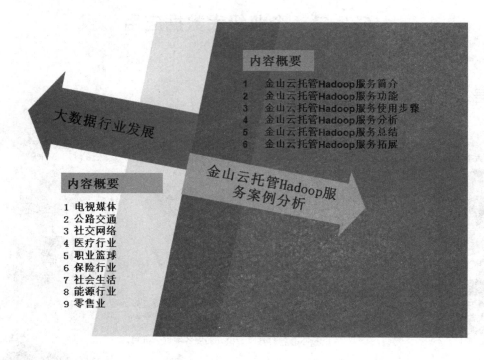

学习内容

<h2 style="text-align:center">一、大数据行业发展</h2>

大数据在实际应用中,也许能改变一个企业的运营,甚至改变一个行业未来的走势与发展。不同行业对大数据的应用有不同的体现。

(一)电视媒体

对于体育爱好者,追踪电视播放的全部最新运动赛事几乎是一件不现实的事情,因为有超过上百个赛事在 8 000 多个频道播出。但是现在通过大数据分析知识,开发者开发了可以根据运动数据流分析数据的应用程序——RUWT,让体育爱好者知道他们应该转换到哪个频道才能看自己想看的节目。实际上 RUWT 就是让用户变换频道调到对应的比赛中,他们根据赛事的紧张激烈程度对比赛进行评分排名,用户可通过该应用程序找到值得收看的赛事。图 3.18 所示为电视媒体与大数据结合概念。

图 3.18　电视媒体与大数据结合概念

（二）公路交通

　　经常在北京、上海、深圳等地中心路段开车的人都经历过交通拥堵情况，更不用说可怕的节假日高速拥堵情况了。当前通过大数据的数据统计分析，可以提前预知某路段在某时会发生拥堵，并提示司机以最优方式更换线路出行。图 3.19 所示为交通拥堵状况。

图 3.19　交通拥堵状况

（三）社交网络

　　随着互联网的快速发展，各种不同类型的社交网络平台不断涌现。QQ、微信、微博等，虽然同是网络的社交平台，但是交流的侧重点不同，因此产生大量的社会学、传播学、行为学、心理学、人类学等众多领域的社交数据。各个行业都花费很大精力对这些数据进行挖掘分析,从而更加精确地把握事态动向。图3.20所示为社交概念。

图3.20　社交概念

(四)医疗行业

医疗行业使用大数据技术统计大量病人相关的临床医疗信息,通过大数据处理,更好地分析病人信息。比如,针对早产婴儿,每秒钟有超过3 000次的数据读取。通过这些数据分析,医院能够提前知道哪些早产婴儿会出现问题,并有针对性地采取措施,避免早产婴儿夭折。医疗行业大数据的应用更加保障了人们的安全,将一些可能遇到的问题提前解决。医疗与大数据结合见图3.21。

图3.21　医疗与大数据结合

(五)职业篮球

专业的篮球队会通过搜集大量数据来分析赛事情况,但是他们还在为这些数据的整理和实际意义而发愁。现在只需在每场比赛过后,将比赛视频上传到数据处理中心,经过数据统计分析后,把比赛中每个球员的个人表现、比赛反应等数据进行量化显示。图3.22所示为美国职业篮球联赛球星表现汇总图。

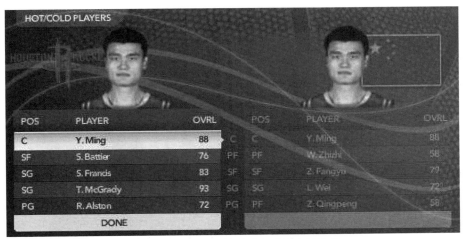

图 3.23　美国职业篮球联赛球星表现汇总

（六）保险行业

大数据的应用为瞬息万变的保险行业提供了有效的支持，也是促进保险公司提升行业竞争力的重要手段。通过对社会媒体大数据的分析，保险公司能够识别潜在保险危机行为客户。大数据分析保险行业存在四个主要切入点：助力产业结构化、客户视角营销、核保管理和危机管理。

1. 助力产业结构化

随着保险行业竞争越来越激烈，保险公司若想从众多同行中脱颖而出，需要提供价格低于竞争对手的保险产品，以及更有效的经营模式和一流的客户服务。大数据分析技术能够有效地帮助保险行业提升业务能力。

2. 客户视角营销

客户更侧重于选择价格透明的保险产品。保险公司可以根据大数据分析进行客户需求预测，可以提前获取客户信息，从而找到改进关系的最佳时机。通过大数据来分析客户需求，能够有效地帮助保险公司进行客户营销。

3. 核保管理

使用大数据预测进行核保活动，减少不必要的虚假核保信息，主要通过在已有客户数据前提下，结合其他外部获取数据源，对其进行必要的甄别，确定最终能够成功核保。

4. 危机管理

利用大数据分析进行保险条款业务设计，需融入诸多因素，如历史因素、政策变化因素、再保因素等。保险公司根据个人住址、消防中心距离等其他因素对灾难保险业务的价位进行区分设计，有利于保险业务收入增长。同时，保险公司也使用大数据为其现有的保险业务模式进行升级，按需可随时进行市场价格策略调整。

大数据可以帮助保险公司进行需求规划改进，促使需求改进及降低运作成本，同时有效支持业务规划与实施。保险行业概念如图 3.23 所示。

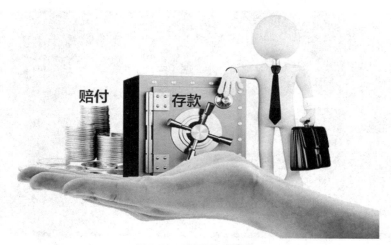

图 3.23　保险行业概念

(七)社会生活

经常上网的人可能会发现,在浏览网页的同时,旁边的广告栏竟然出现了在购物网站内搜索过的商品。第一次遇到这种情况,感觉自己的隐私泄露了,但这正是大数据时代给人们带来的"惊喜"。中科院软件所曾帮助淘宝进行广告排序改进,通过抓取淘宝网近 900 万条广告点击数据,通过分析广告类目、展现位置、商品价格、图片内容等因素对用户行为进行分析,建立用户偏好模型,从而帮助淘宝加大销售量,帮助人们生活得更加简单方便,图 3.24所示为万物互联概念。

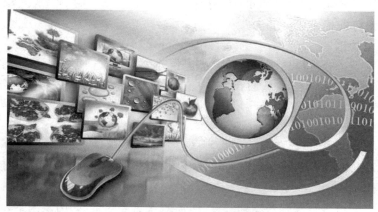

图 3.24　万物互联概念

(八)能源行业

智能电网在欧洲已经做到终端,也就是智能电表。为了鼓励人们利用太阳能,会在每个家庭安装太阳能板来产生电源,除了可以购买电,还可以把太阳能的富余电能出售。通过电网每隔五分钟或十分钟收集数据,可以预测客户的用电习惯,从而推断未来 2~3 个月时间内整个电网大概的耗电量,从而达到能源利用最大化、经济效益最大化。图 3.25 所示为可再生能源发电。

图 3.25　可再生能源发电

(九)零售业

零售商通过大数据制订更好的计划与决策,更加深入了解顾客需求,并挖掘隐藏在其中的趋势,展现新的特色。零售商主要通过顾客行为数据分析、店内个性化体验、定向宣传等方式的优化吸引顾客。

1.顾客行为数据分析

当前,顾客可以通过移动设备、社交媒体、门店、电子商务网站等购物。因此需要汇总分析数据的难度也陡然上升。分析这些数据能够得出哪些顾客是最能产生价值的、顾客购买更多商品的动力是什么、消费模式是怎样的、与顾客互动的最佳方式与时机是什么,等等。

2.店内个性化体验

就不同营销策略对顾客行为产生的影响进行相应的统计,依据顾客的购买和浏览记录,确定顾客需求与兴趣,为顾客量身定制店内体验。监测店内顾客习惯并及时采取行动,促使顾客当场完成购物。

3.定向宣传

顾客信息的互动行为多于交易行为,而互动发生在社交媒体等多种渠道。根据这种趋势,零售商对顾客在互动过程中生成的数据进行分析,将顾客的购物记录和个人资料与社交媒体行为结合,分析其数据情况,从而进行商品推广。图 3.26 为超市局部图。

大数据的行业改变才刚刚开始。各个行业都在深入挖掘大数据的价值,研究大数据的深度应用。大数据在各行业的全面深度渗透将有力地促进行业格局重构,驱动生产方式和管理模式变革,推动制造业向网络化、数字化和智能化发展。电信、金融、交通等行业利用已积累的丰富数据资源,积极探索客户细分、风险防控、信用评价等应用,加快服务优化、业务创新和产业升级。

图 3.26　超市局部图

二、金山云托管 Hadoop 服务案例分析

（一）金山云托管 Hadoop 服务简介

　　传统的 Hadoop 平台部署通常需要经历业务评估、机器选型采购、硬件上架调试、操作系统和平台软件安装调试等一系列复杂的工作,这些工作需要花费 1~3 个月的时间。金山云平台提供了多种云服务产品,KMR（一个可伸缩的通用数据计算和分析平台,它以 Apache Hadoop 和 Apache Spark 两大数据计算框架为基础,帮助快速构建分布式数据分析系统）可与这些服务产品组合,形成端到端的数据分析处理解决方案,KMR 与标准存储服务的深度整合,可以更加灵活、方便地收集和管理数据,花费更低的成本,获得更高的数据可靠性。

　　金山云托管 Hadoop 服务界面如图 3.27 所示。

图 3.27　金山云托管 Hadoop 服务界面

（二）金山云托管 Hadoop 服务功能

　　KMR 提供了丰富的管理功能和便捷的程序开发接口,可以高效、自动化地进行数据处理和分析工作,节省管理成本和使用成本,具体有弹性拓展、集群主节点和元数据高可用、标准存储服务访问、Hadoop 生态集成等多种功能。

1. 弹性拓展

KMR 集群具备良好的横向扩展能力,可以根据业务需求弹性地增加或者减少节点,适应多变的业务场景,节省集群使用成本。弹性拓展如图 3.28 所示。

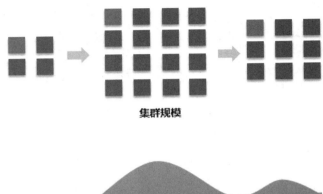

集群规模

业务负载

图 3.28　弹性拓展

2. 集群主节点和元数据高可用

采用两个主节点作为集群管理节点,担当 Name Node、Resource Manager、Hbase Master 等角色,当节点宕机时,监控系统会自动发现,由另一节点接管服务,并自动启动新的主节点使集群恢复到稳定状态。一些集群服务依赖 RDBMS 作为元数据库,当元数据丢失时,集群无法正常工作,KMR 支持使用 RDS 实例作为元数据库,可以有效地提升元数据的可靠性和读写性能。高可用节点分配如图 3.29 所示。

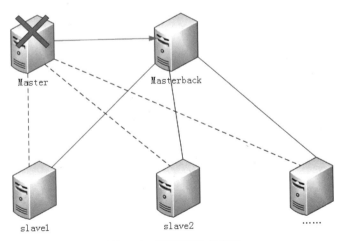

图 3.29　高可用节点分配

3. 标准存储服务访问

MR 可以通过内部高速网络直接访问标准存储服务(KS3),在进行数据处理工作时,可以首先把原始数据汇总到 KS3。KMR 集群中运行的 MapReduce、Hive、Pig、Spark 等作业可以直接调用 KS3 中存储的这些数据进行计算,并把结果写回到 KS3。KS3 提供了较低使用成本和极高的数据可靠性,并保证在集群释放时仍然可以持久地存储原始数据和计算结果。KMR 集群如图 3.30 所示。

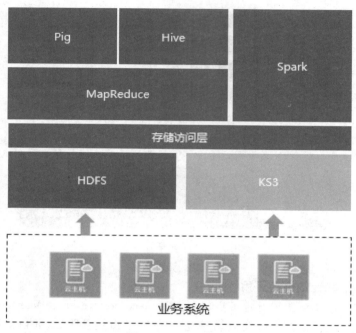

图 3.30　KMR 集群

4.Hadoop 生态集成

KMR 除集成了基础的 Hadoop 组件外,同时集成了 Spark、Hbase、Storm、Kafka、Elastic-search 等生态组件(如图 3.31 所示),以及 Ambari、Hue 等集群监控管理工具,轻松构建复杂的大数据分析系统,满足批量计算、流式处理、消息队列、交互式查询、NoSQL 等多种业务场景的需求。

图 3.31　KMR 集成 Hadoop 组件

(三)金山云托管 Hadoop 服务使用步骤

第一步:登录金山云控制台,选择数据分析→托管 Hadoop,如图 3.32 所示。

图 3.32　选择托管 Hadoop

第二步：选择"集群管理"，点击"新建集群"按钮，进入集群创建向导，如图 3.33 所示。

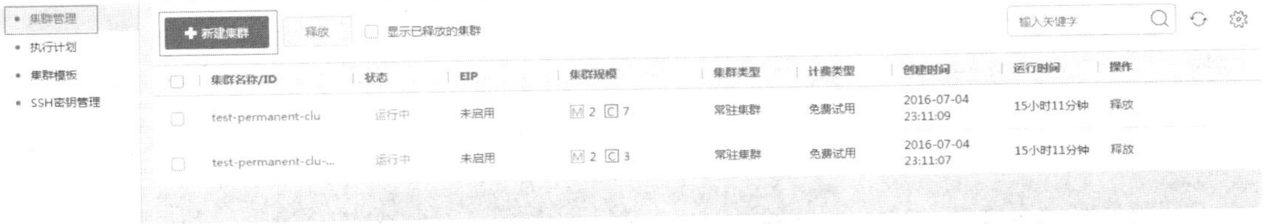

图 3.33　集群创建向导

第三步："基本信息"模块选择"常驻集群"，其他项保持默认配置，点击"下一步"。

第四步："软件节点与配置"模块选择相应的产品版本，为主节点和核心节点安装相应组件，点击"下一步"，如图 3.34 所示。

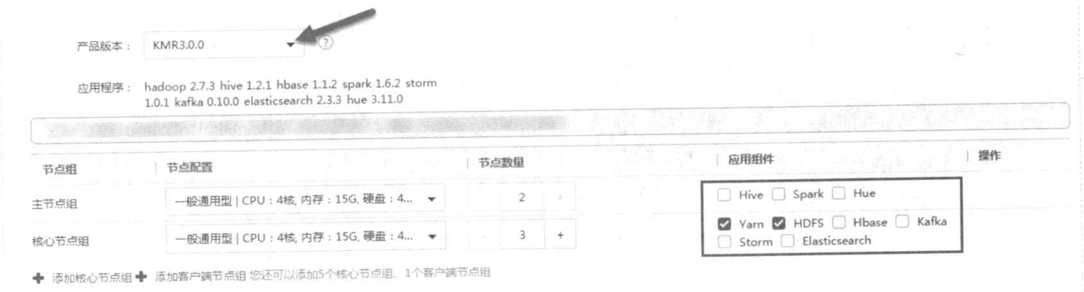

图 3.34　软件节点与配置

第五步：网络设置与其他模块保持默认选项，点击"下一步"。

第六步：点击"购买"进入支付页面，支付成功后，就会创建集群。

第七步：集群创建完成后，点击集群名称，进入集群详情页面，如图3.35所示。

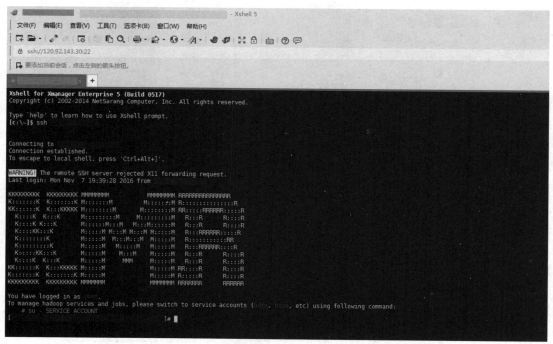

图 3.35 集群详细信息

第八步：SSH 登陆集群进行相关操作即可，登陆成功如图3.36所示。

图 3.36 KMR 使用

(四)金山云托管 Hadoop 服务分析

1. 金山云托管 Hadoop 服务实现需要的技术

金山云托管 Hadoop 服务是一个部署在网络服务器的可拓展大数据分析处理平台,如果想要实现一款类似于金山云托管 Hadoop 服务的项目,需要有网络服务器方面的理念、大数据平台搭建的能力以及虚拟化技术等多方面知识,请读者查阅相关资料并填写下表。

	相关知识	使用软件
网络服务器		
大数据平台搭建		
虚拟化技术		

2. 金山云托管 Hadoop 服务和其他项目的优缺点

在使用和学习软件时,分析软件的优缺点是必不可少的环节,通过分析可以促使研发团队优化软件功能。对比金山云托管 Hadoop 服务和其他相关的大数据平台应用,并把每个软件的优缺点填入下列表格中。

	优点	缺点
金山云托管 Hadoop 服务		
瑞德云口袋盒子		
实验云		

3. 金山云托管 Hadoop 服务的评价

从不同的角度对金山云托管 Hadoop 服务进行评价。

	非常满意	满意	一般	不满意	建议
用户体验方面					
UI 界面美观度					
核心功能					

(五)金山云托管 Hadoop 服务总结

通过对金山云托管 Hadoop 服务案例的了解和分析,可以知道大数据服务在企业应用发展中的重要性。新科技的发展离不开不懈的技术研究。不管将来从事什么职业,大家都需要不断地学习、探索,才能更上一层楼。

(六)金山云托管 Hadoop 服务拓展

(1)如果你是项目经理,你会怎么设计大数据处理平台类软件,让用户拥有更好的体验呢?

(2)如果你拥有自己的团队,想通过大数据平台技术实现一款软件的研发或推广,你想要拥有什么功能的软件呢?

学习情境四　语音、语义识别

任务一　语音识别技术概述

问题导入

学习目标

通过对语音识别技术概述的学习,了解语音识别的基本内涵,掌握语音识别的市场现状和发展趋势,通过学习语音识别的技术原理,具有对实际生活中的语音识别应用进行分析的能力。在任务实现过程中:

● 了解语音识别的概念。
● 掌握语音识别的市场现状和发展。

- 学习语音识别的技术原理。
- 具有对实际生活中的语音识别应用进行分析的能力。

学习概要

学习内容

一、什么是语音识别

语音识别是了解和学习人工智能不可或缺的技术,从亚马逊的明星产品 Echo 到谷歌 Master,从京东科大讯飞合作的叮咚到百度小度都离不开语音识别这项技术,由此可见语音识别的重要性。

语音识别可以通俗地理解为"语音"功能 +"识别"功能。"语音"功能可以理解为微信中发送的语言消息、人群中的话语。"识别"功能是通过某种途径或方式把传递过来的语音或消息辨别出来,也可以理解为将人类语言中包含的词汇内容转换成计算机能够识别的编码进行输入。

二、语音识别的发展

很早之前就有对语音识别的研究。从 20 世纪 50 年代至今,很多国家都投入了大量的人力和物力进行研发,语音识别的发展过程如表 4.1 所示。

表 4.1 语音识别发展过程

时间	国家或机构	研究内容
1952 年	贝尔研究所	世界上第一个能识别 10 个英文数字发音的实验系统
1960 年	英国	第一个计算机语音识别系统
1980 年以后	美国	资助了一项为期 10 年的 DARPA 战略计划
1986 年	中国	语音识别作为智能计算机系统研究的一个重要组成部分而被专门列为研究课题

语音识别技术研发至今有了突飞猛进的发展和质的飞跃,技术方面取得了如下进展。

(1)隐马尔可夫模型(HMM)成为语音识别的主流方法。

(2)以知识为基础的语音识别研究受到重视。

(3)人工神经网络在语音识别中兴起。

(4)语音识别系统研发成功。

(5)深度学习研究引入语音识别声学模型训练。

(6)语音识别解码器采用基于有限状态机(FSM)的解码网络。

三、语音识别市场现状及发展趋势分析

语音识别可以从两个角度去理解,从广义上说是机器把语音转换成文字或命令,从狭义上说是通过语音识别让计算机明白要表达的内容。语音识别因技术进步飞速、市场需求不断扩大等优势在社交娱乐、搜索、虚拟机器中得以大量应用。图 4.1 描述了 2018 年全球智能语音企业市场份额。分析该图可知,在人工智能语音识别领域,谷歌占据比例高达 28.4%,一些新兴的公司也在不断地奋起直追,抓住人工智能语音识别的市场。

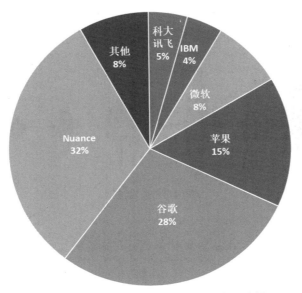

图 4.1 2018 年全球智能语音企业市场份额

语言助手、语言输入、语言搜索等是语音识别产业中的主要应用方式,其渗透范围不断扩大,技术水平突破提升,使得相关商业应用不断增多,如 2018 年,全球智能语音市场规模预计达到 161.9 亿美元,较 2017 年增长 40.7%。全国语音搜索数据增长幅度如图 4.2 所示。

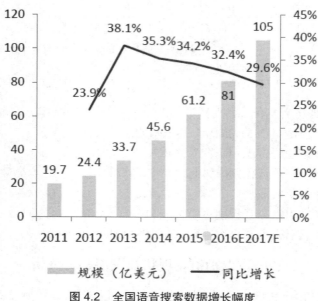

图 4.2　全国语音搜索数据增长幅度

四、语音识别的技术原理

在人工智能领域如果想使用语音识别技术实现"语音转换成文字""让机器人根据自己的描述或某种语音去采取对应的行动"等功能,首先需要掌握语音识别技术相关原理。

语音也就是声音,是一种波,声音呈现的格式有压缩和非压缩两种,比如声音压缩格式MP3、非压缩格式 wav 等。声音的波形如图 4.3 所示。

图 4.3　声音波形

语音识别处理步骤如下。

第一步:在使用语音识别之前,需要对首尾端的静音进行切除(使用信号处理技术),目的是减轻对识别过程造成的干扰。

第二步:在声音分析过程中,需要对声音进行分帧处理(通过移动窗函数实现),切分出的每一帧都是相互交叠的,如图 4.4 所示,每帧的长度为 25 毫秒,每两帧之间有 25-10=15

毫秒的交叠。

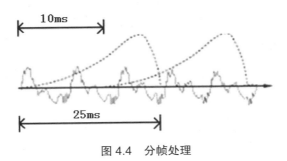

图 4.4　分帧处理

第三步：波形转换。声音分帧后，对每一帧通过变换变成一个多维向量，也可以理解是对每一帧进行声学特征提取。

第四步：矩阵转换成文字，主要流程为把帧识别成状态（一个语音单位），把状态组合成音素（构成单词的发音），把音素组合成单词。过程如图4.5所示，每一个小竖条代表一帧，N帧语音对应多个状态，三个状态就可以组成一个音素，n个音素就可以组成单词被识别出来，这样就实现了语音识别效果。

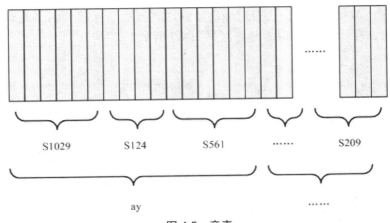

图 4.5　音素

使用语音识别某段文字（如"Hello，人工智能"）的过程如图4.6所示。首先需要输入识别的语音（说出"Hello，人工智能"或用音频软件录制的语音），之后进行音频信号的处理，随后从音频信号中提取对识别有用的信息到声学模型中进行匹配，最终找出最大概率发音的文字。

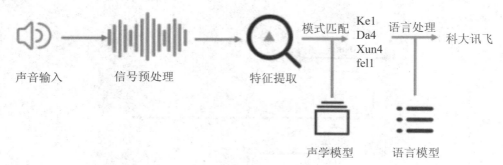

图 4.6　语音识别过程

五、语音识别分类

（一）识别对象不同

语音识别根据识别对象的不同可以分为三类,分别是:孤立词识别、连接词识别、连续语音识别。

1. 孤立词识别

孤立词主要用于通过语音控制识别家电开关、音量、系统等,在这个过程中要求识别事先已知的孤立的词,每个词后面会有对应的停顿,如"开机""关机"等,具有识别精度高、词汇量大、计算复杂度低等特点,其系统框架如图 4.7 所示。

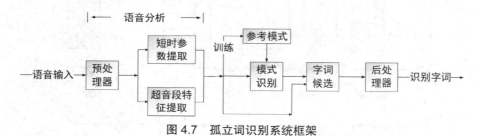

图 4.7　孤立词识别系统框架

实现孤立词识别可以通过以下方法(此处对方法不做介绍)。

（1）采用 DTW 方法。

（2）矢量量化技术方法。

（3）HMM 技术方法。

（4）人工神经网络技术方法。

2. 连接词识别

连接词识别主要用于数据库查询、控制系统或电话中,可以由多个关键词组成,在这个过程中主要是在连续语音中识别若干个关键词,不是识别全部文字,如在一段话中检测"人工智能""计算机"这两个词。

3. 连续语音识别

连续语音识别其含义为识别任意的连续语音。连续语音是最自然的说话方式,在实现过程中比较复杂,成本较高,如一段话或一个句子。

在传统的语音识别方法中,一般先用语音的声学模型和输入信号进行匹配,得出一组候选的单词串,然后使用语音的语言模型找出符合句法约束的最佳单词序列。流程如图 4.8 所示。

图 4.8　传统语音识别流程

通过传统的语音识别流程输出的语句,可能因为语音处理和语言处理之间没有约束,增加了计算量和误差,除此之外还具有因信息丢失影响识别精度的缺点。

为克服传统语音识别的缺点,在语音识别过程中,采取对语音进行特征参数分析、语音识别、句法分析、单词预测等措施,从而得出最优结果,具体流程如图 4.9 所示。

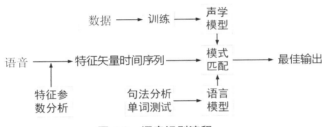

图 4.9　语音识别流程

(二)说话人范围不同

语音识别可以根据说话人范围不同进行分类,从该角度可以分为特定人语音识别和非特定人语音识别,其中特定人语音识别只能识别一个人或几个人的语音,主要适用于人群简单、说话特点易识别等场合;非特定人语音识别可以用于任何人使用,具有应用广、通用性好等特点,相对特定人语音识别具有一定的难度性、困难性等,不容易得到想要的结果。

(三)应用场景不同

语音识别的应用非常广泛,比如语音输入系统、电话查询系统、订票服务、医疗服务、银行服务等,语音识别可以根据应用场景的不同分为电信级系统应用、嵌入式应用和特殊应用三类。

1. 电信级系统应用

电信级系统应用主要是根据自动语音服务在各行业的自动语音服务中心设定的,主要应用于股票交易,电子商务,旅游服务,金融服务,电话银行及联通、移动、电信三大运营商等。电信级系统应用领域如图 4.10 所示。

2. 嵌入式应用

语音识别在嵌入式方面的应用主要是以基础应用的形式集成在各类终端上,比如智能手机,需要嵌入到芯片中,机器人和智能家居也是同样的原理。嵌入式应用如图 4.11 所示。

图 4.10   电信级系统应用

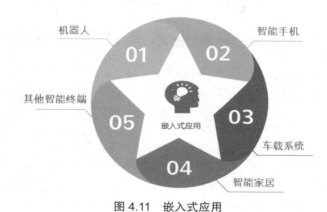

图 4.11   嵌入式应用

3. 特殊应用

特殊应用主要指在身份的识别和辨认中的应用。

知识回顾

语音识别技术概述				
概念	发展	市场现状	技术原理	分类
通俗的理解为"语音"+"识别"	从隐马尔可夫模型→人工神经网络→有限状态机（FSM）的解码网络	Nuance占比最大，IBM相对占比较小。	第一步：切音 第二步：分帧处理 第三步：波形转换 第四步：矩阵转换成文字	识别对象不同 说话人范围不同 应用场景不同

任务二　语音识别应用

问题导入

学习目标

通过对语音识别技术应用的学习，了解语音识别应用方向，熟悉语音识别应用软件，掌握语音识别在项目中的应用，通过 Cortana（微软小娜）案例分析，具有在不同设备下使用 Cortana（微软小娜）的能力。在任务实现过程中：

- 了解语音识别应用方向。
- 熟悉语音识别应用软件。
- 掌握语音识别在项目中的应用。
- 具有在不同设备下使用 Cortana（微软小娜）的能力。

学习概要

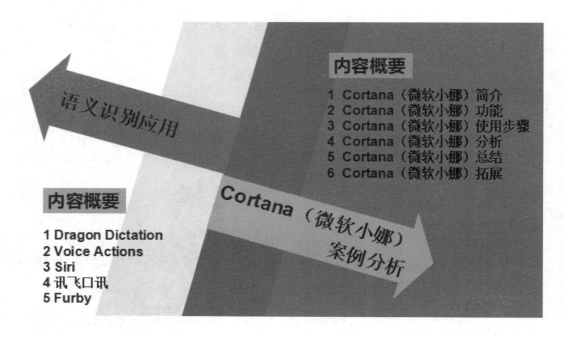

内容概要
1 Cortana（微软小娜）简介
2 Cortana（微软小娜）功能
3 Cortana（微软小娜）使用步骤
4 Cortana（微软小娜）分析
5 Cortana（微软小娜）总结
6 Cortana（微软小娜）拓展

语义识别应用

Cortana（微软小娜）案例分析

内容概要
1 Dragon Dictation
2 Voice Actions
3 Siri
4 讯飞口讯
5 Furby

学习内容

一、语音识别应用

语音识别技术在应用方面主要概括为两个方向，一个方向为大力发展小型化、便捷式语音产品的应用；另一个方向是采用大量词汇联系语音识别系统，实现计算机读写的应用，通过语音识别在不同方向的应用，比如汽车设备的语音控制、智能玩具、家电控制等，为语音识别领域不断扩大创造了有利条件。除此之外，还可以通过专门的硬件设备实现。

（一）Dragon Dictation

Dragon Dictation 中文名称为"声龙听写"，是国际语音识别巨头 Nuance 推出的一款语音识别产品。该产品主要适用于 iPhone、iPad 和 iPod touch，可以实现语音转换成文字信息或者电子邮箱，并且语音识别速度比键盘打字速度快上 3~5 倍。Dragon Dictation 软件如图4.12 所示。

该软件具有如下特点。

（1）语音转成文本可以直接发送短信、电子邮件。

（2）发送文本到社交网络。

（3）方便的编辑功能可以提供智能选字建议。

（4）具有语音操控的修正界面。

（二）Voice Actions

Voice Actions 是 Google 于 2011 年推出的语音搜索应用程序，可以通过该款应用程序下达某些命令，比如打电话、听音乐等。Voice Actions 应用软件如图 4.13 所示。

图 4.12　Dragon Dictation 软件

图 4.13　Voice Actions 应用软件

（三）Siri

Siri 是苹果公司在 iPhone4S、iPad 3 及以上版本手机和 Mac 电脑上应用的一项语音控制功能,堪称一台智能化机器人。通过该应用可以实现询问天气、语音设置闹钟、手机读短信、介绍餐厅等,除此之外还可以调用系统本身的天气预报、日程安排和搜索资料等应用。Siri 应用如图 4.14 所示。

图 4.14　Siri 应用

使用苹果手机获取该应用的主要快捷方式如下。

(1)长按 Home 键。

(2)在戴苹果耳机的情况下长按中键。

(3)iPhone 6S/Plus 及以上版本手机可直接喊「Hey Siri」。

(四)讯飞口讯

讯飞口讯(讯飞语音输入塞班版)是基于"云计算"方式实现的能听会说的一款短信辅助软件,不仅可以接收短信内容,还可以进行阅读,支持 iPhone、Android、塞班 S60V3/V5 等操作系统。

(五)Furby

Furby 中文名称为"菲比小精灵",是美国孩之宝玩具公司销售的一款能够进行语音沟通的玩具。该款游戏拥有最新的科技,在柔软的外表下面藏有几个触摸传感器。触摸它的头顶、后背、尾巴或者是胃都可以使它开口讲话。除此之外,它还拥有橡胶耳朵和 LCD 眼睛,在不同情境下眼睛会通过不同的形式展示出来,还可以随着音乐不断地摆动,这是一款深受欢迎的玩具。该玩具能够识别 20 多个固定的英语词条,也可以通过和主人谈话进行学习。Furby 语言玩具如图 4.15 所示。

图 4.15 Furby 语言玩具

二、Cortana(微软小娜)案例分析

(一)Cortana(微软小娜)简介

Cortana(微软小娜)是微软通过机器学习和人工智能方面的知识,使用语音识别技术研发出来的全球第一款个人智能助理。设计微软小娜的初衷是"能够回答问题""了解用户的喜好""帮助用户进行日程安排"等,通过这些方式能够记录用户的行为和习惯,并利用大数据和云计算把内容进行存储和分析(分析手机里面的图片、视频、电子邮件等),进而实现人机交互。

Cortana(微软小娜)官网网址为:www.msxiaona.cn,效果如图 4.16 所示。Cortana(微软小娜)是一款跨平台软件,可以在 Android、苹果和 Windows 下进行安装和运行。

图 4.16　Cortana(微软小娜)官网效果

(二)Cortana(微软小娜)功能

Cortana（微软小娜）是一个集多项功能于一体的语音助手应用,其聊天功能、通信功能和交通功能等深受用户喜爱。其主要功能如图 4.17 所示。

图 4.17　Cortana(微软小娜)功能

（1）新技能:说歌词就能播放音乐。

（2）交通功能:使用交通功能可以知道用户当前位置,路线怎么走,附近有哪些餐馆、商场,今天限行尾号是什么,哪里路段有车祸,哪条路段拥挤等。

（3）查询功能:使用查询功能可以了解天气状况、新闻、节假日具体日期、航班运行及晚点信息等。

（4）娱乐功能:播放音乐、查看视频、今日热映、今日头条等。

（5）提醒功能:提醒今天的安排以及未完成的工作等。

（6）通信功能:可以给设定的人打电话或发短信,或者打开手机通信软件等。

（7）聊天功能:讲故事、笑话、成语接龙、唱歌等。

（8）召唤小冰:召唤小冰。

（三）Cortana（微软小娜）使用步骤

1.Windows10 下使用 Cortana 程序

第一步：点击开始菜单，打开"所有程序"，找到"Cortana（小娜）"。如图 4.18、图 4.19
所示。

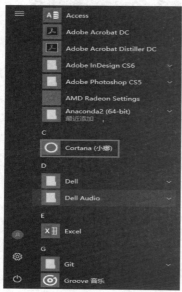

图 4.18　找小娜应用

图 4.19 小娜应用主界面

第二步：点击"Cortana（小娜）"，进入小娜的主界面。

第三步：点击"设置"按钮，进入设置界面，可以进行一系列的设置，如图 4.20、图 4.21
所示。

图 4.20　点击设置按钮

图 4.21　设置界面

第四步：点击"选择 Cortana 的出现方式"可以进行 Cortana 图标的更换，如图 4.22、图 4.23 所示。

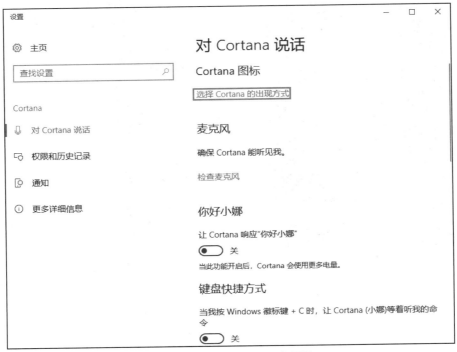

图 4.22　进行 Cortana 图标更换

第五步：更换图标之后，重新进入小娜的主界面。如图 4.24 所示。

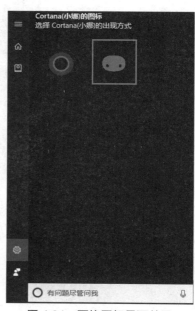

图 4.23　图标更换成功效果　　　　　　图 4.24　更换图标界面效果

第六步：点击语音提示，小娜会认真听你讲话。如图 4.25 所示。

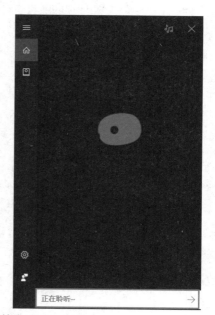

图 4.25　语音输入效果

第七步：当询问"今天星期几"，小娜会告诉你，这一点很智能。小娜回答效果如图 4.26 所示。

第八步：当询问"宫保鸡丁的做法"时，小娜会从网上搜索并显示，如图 4.27 所示。

图 4.26　小娜回答效果

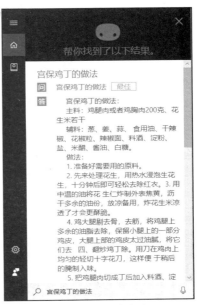

图 4.27　联网搜索效果

第九步：当询问的问题不能被查找时，小娜会直接打开浏览器显示查询结果，如图 4.28 所示。

图 4.28　自动打开浏览器查询效果

2. 手机下使用 Cortana 程序

第一步：打开网址 www.msxiaona.cn，扫描二维码或直接打开手机应用市场搜索"Cortana"并进行下载。如图 4.29 所示。

第二步：下载之后并安装，安装完成并打开 APP 出现的界面，如图 4.30 所示。

图 4.29 在应用市场搜索 Cortana 并下载

图 4.30 首次进入效果

第三步：此时需要使用微软账号进行登录，如果没有账号，点击图中"没有账号？创建一个！"进行账号的创建。点击之后效果如图 4.31 所示，输入手机号点击"下一步"。

图 4.31 创建账户界面 1

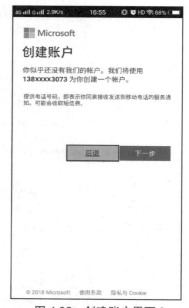

图 4.32 创建账户界面 2

出现如图 4.31 所示效果之后继续点击"下一步"。

第四步：点击"下一步"，会自动向填写的手机号发送短信，把接收的验证码填写到对应的位置,效果如图 4.33 所示。

图 4.33 输入验证码

第五步:填写完成之后,继续点击"下一步",最终效果如图 4.34 所示的界面。

图 4.34 主界面

至此就可以通过 Cortana(微软小娜)APP 实现一些智能化的操作了。

(四)Cortana(微软小娜)分析

1.Cortana(微软小娜)实现需要的技术

Cortana(微软小娜)是一个用户界面(User Interface,简称UI)与人工智能相结合的整体,如果想实现一款类似于微软小娜的应用,需要有UI设计方面的页面布局、语音识别功能能、人工智能等多方面的知识,请读者查阅相关资料并填写下表(分别分析手机端和PC端)。

	相关知识	使用软件
UI 布局		
语音识别相关 API		
人工智能		

2.Cortana(微软小娜)和其他软件的优缺点

在使用和学习软件时,分析软件的优缺点是必不可少的环节。通过分析可以促使研发团队优化软件功能,对比微软小娜和其他类似的语音识别应用,并把每个软件的优缺点填入下列的表格中。

	优点	缺点
微软小娜(手机端为例)		
Siri		
讯飞口讯		

3.Cortana(微软小娜)的评价

从不同的角度对 Cortana(微软小娜)(手机端为例)进行评价。

	非常满意	满意	一般	不满意	建议
用户体验方面					
UI 界面美观度					
核心功能					

(五)Cortana(微软小娜)总结

通过对 Cortana(微软小娜)案例的了解和分析,可以知道语音识别在人工智能领域的重要性。新科技的发展离不开不懈的技术研究,不管将来从事什么职业,大家都需要不断地学习、探索,才能更上一层楼。

（六）Cortana(微软小娜)拓展

（1）如果你是项目经理,你会怎么设计语音识别类软件,让用户拥有更好的体验呢?

（2）如果你拥有自己的团队,想通过语音识别技术实现一款软件的研发或推广,你想要拥有什么功能的软件呢?

任务三　语义识别技术概述

问题导入

学习目标

通过对语义识别技术概述的学习,了解语义识别的含义,熟悉语义识别的背景及技术发展,掌握语义识别分类,具有语义识别应用分析的能力。在任务实现过程中:

● 了解语义识别的含义。

● 熟悉语义识别的背景及技术发展。

● 掌握语义识别分类。

● 具有语义识别应用分析的能力。

学习概要

学习内容

一、什么是语义识别

语义识别是人工智能的重要分支,主要通过各种方法手段学习和理解一段话或文本要表达的语义内容。换句话说,语义识别是对任何语言的理解。通过学习语音识别,可知语音识别是解决计算机"听得见"的问题,那么可以把语义识别理解为解决计算机"听得懂"的问题。

语义识别是自然语言处理的重要核心。通过识别语言任务,可以促进自然语言的处理。人工智能深度学习在图音结合、语音识别、自动驾驶等多个方向有进一步发展。语义识别主要通过建立计算机框架来实现语言应用的模型,进而设计出各种实用系统。语义识别和自然语言处理之间的关系如图4.34所示。

语义识别除了要理解文本本身的含义外,还需要了解该文本或词语在整个段落或章节情境中整体代表的含义,换句话说,语义识别不仅要做到在技术(文本、语法、此法、段落等)层次方面进行理解,还需要把这些对应的内容进行总结并重组,从而达到识别自身的目的。

二、语义识别发展的背景分析

自然语言处理最主要的两项技术是语音识别和语义识别。在实际应用过程中,语音识别和语义识别是相互嵌套、相互作用的。语音识别和语义识别作为人工智能最主要的技术,成为现在最炙手可热的领域。语音识别和语义识别能够迅速发展离不开政策支持、技术发展和资本投资等因素。

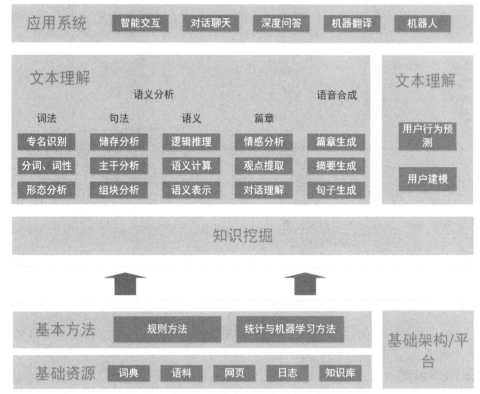

图 4.34　语义识别和自然语言处理之间的关系

（一）政策支持

政策是支持人工智能发展的强大动力。在国家和各城市的政策推动下，受国家自然科学基金、产业基金、地方政府的强大支持，以及人工智能相关实验室、大数据实验室、科技产业园区的落地，为后续人工智能的发展奠定了基础，为自动驾驶、语音识别、语义识别、计算机视觉等应用开发创建了有利的条件和设备基础。

（二）技术发展

技术的不断发展是语义识别发展的核心。随着技术的不断提升，采集数据和分析数据越来越简单，产生了一系列的算法模型。除此之外还出现了实现语音识别技术对应的 API 文档，促使语音识别领域越来越简单易学。

1. 数据量

经过行业信息化、大数据、云计算、互联网、社交网络的不断发展，很多地方和企业积累了海量数据，运用这些数据，通过深度神经网络算法模型对数据进行精确、复杂的建模，从而实现语音、语义识别效果。当数据量不足时，可以使用自然语言处理进行浅层模型分析，提高准确率。

2. 算法模型

NLP 语言处理系统在语义分析中起着至关重要的作用。密集向量表征的神经网络随着大型语料库的建设和语料库语言学的崛起在 NLP 任务上取得了优秀的成果。NLP 中深度学习的常见任务如图 4.35 所示。

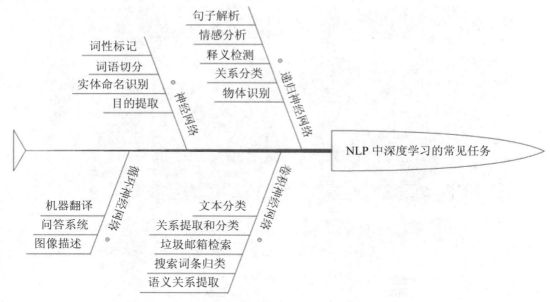

图 4.35　NLP 中深度学习的常见任务

至今为止,处理自然语言最好的方式是使用深度学习算法模型。该模型可以解决数据稀疏、语义鸿沟、词面不匹配等问题。

(三)资本投资

随着自然语言处理应用场景日益广泛,诞生出来的经济价值是语义识别发展的燃料。研究数据表明,2017—2024 年,智能语音交互会风靡全球市场,每年的增长率高达 35%。另一方面国内也加强了对自然语言的投资,根据精准数据统计,截至目前自然语言处理融资总额累计已超过 54 亿元。自然语言处理领域项目融资趋势如图 4.36 所示,其中在 2015 年开始每年融资总额在 10 亿元以上,在 2017 年投资总额甚至达到了 18 亿~19 亿元之多。

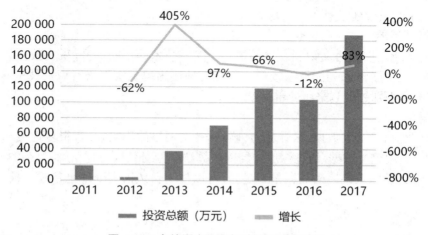

图 4.36　自然语言处理领域项目融资趋势

三、语义识别分类

语义识别是通过语义分析来理解和学习一段文本要表达的含义。根据理解对象的单位不同,语义分析可以分为词语级语义分析、句子级语义分析和篇章级语义分析。其中词语级语义分析主要用来获取和区分单词的含义,句子级语义分析的目的是分析整个句子要表达的含义,篇章级语义分析是研究并理解自然语言文本的内在结构和文本单元之间的语义关系。

(一)词语级语义分析

词语级语义分析主要是分析某个词语的含义或者说是理解某个词语。想实现词语级语义分析主要从词义消歧和词义表示两方面进行分析。

1.词义消歧

词义消歧是自然语言处理研究的主要内容,是计算机根据上下文的环境来确定词语的含义。使用词义消歧必经的步骤是在词典中找到词语的含义和在语料中进行词义自动消歧。比如"方便"这个词语在词典中有 5 种不同的含义,如图 4.37 所示。

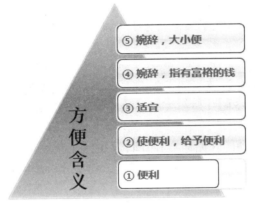

图 4.37　词义消歧

使用词义消歧找到适合语句的含义需要对词典进行构建,除此之外还需要对上下文进行建模。如果词义消歧处理得不好,会直接影响信息检索、文本分类、语义识别和机器翻译等功能的实现。

2.词义表示

词义是一个词的本义、引申义和比喻义,其中本义是词的最初含义,根据词本身的含义反映的事物及现象引申出的含义为引申义。词义最初的表示为同义词在网络中出现的位置到网络根节点之间的路径信息。神经网络分析词义通常使用 one-hot(表示一个很长的向量,有一个维度值为 1,其他元素基本为 0,这个维度就代表当前的词)方法。one-hot 方法存在一定的局限性,不能从两个向量中看出词之间的关系。词之间的关系都是孤立的,比如不能分析"天津"和"狗不理包子"的关系。

所以,词义表示方法可以通过词嵌入来表示。词嵌入是一种把单个词预定义在向量空间中表示实数向量。通过词嵌入可以实现两个相似词的映射,比如从"猫"映射到"狗"。

词嵌入的基本思想是通过训练某种语言中的每个词映射成固定维数的向量,之后把所有这些固定维数的向量放到一个词向量空间,把每个向量当作空间中的一个点,通过两个点之间的距离来判断其相似性。使用词嵌入的过程如图 4.38 所示。

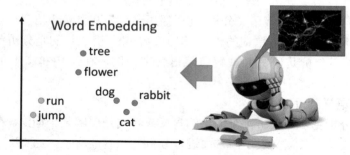

图 4.38　使用词嵌入的过程

使用词嵌入的优势在于可以降低其维度,使用非监督学习获取最大的语料,通过使用词嵌入方式取得良好的词义识别效果。

(二)句子级语义分析

句子级语义分析是根据语法和语义结构等信息,推测出能够反映这段句子的某种关系,比如主谓关系、核心关系等。句子级语义分析可以根据分析的深浅进行划分,分为浅层语义分析和深层语义分析。

1. 浅层语义分析

浅层语义分析是近几年计算机语义学在方法学上的重大突破。其中语义角色标注(Semantic Role Labeling,简称 SRL)是在关联理论的推动下提出的共享任务,其主要目的是通过语料库技术与机器学习方法相结合,开发识别动词的框架,包括核心语义角色(如施事者、受事者等)和附属语义角色(如地点、时间、方式、原因等)。使用语义角色标注实现句法的分析步骤是先获得句法的分析结果,之后根据该句法分析最终实现语义角色标注,具体流程如图 4.39 所示。

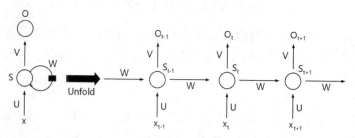

图 4.39　浅层语义分析过程

2. 深层语义分析

深层语义分析一般情况下是对句子实施浅层语义分析之后再进行的。深层语义分析主要是将整个句子转化成某种形式表示出来。使用深层语义分析要完成两个基本的任务,第一是将浅层语义分析后的句子语义表达式和结构规范化,第二是将规范化的结果转化为事实和结论,具体的功能模块如图 4.40 所示。

(三)篇章级语义分析

篇章可以理解为"文章",是指由词和句子以复杂的关系构成的语言整体单位。篇章级语义分析是在篇章的基础上,分析其中的层次结构和语义关系,从而更好地理解原文原义。篇章级语义分析主要是分析跨句的词汇之间、句子和句子之间、段落和段落之间的语言关联。此项分析比词语级语义分析和句子级语义分析更深、更广,从而达到更深层的理解。

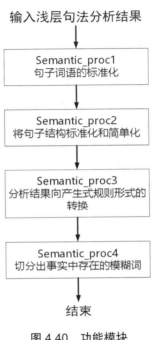

图 4.40 功能模块

知识回顾

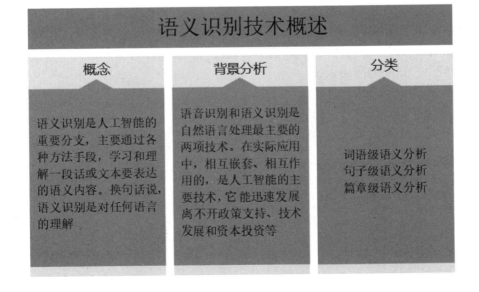

任务四　语义识别应用

问题导入

学习目标

通过对语义识别技术应用的学习,了解语义识别的应用领域,熟悉语义识别应用软件,掌握语义识别在项目中的应用,具有分析小富机器人实现原理的能力。在任务实现过程中:

- 了解语义识别的应用领域。
- 熟悉语义识别应用软件。
- 掌握语义识别在项目中的应用。
- 具备分析小富机器人实现原理的能力。

学习概要

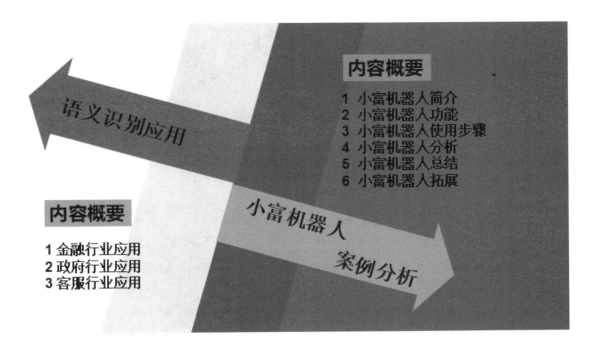

学习内容

一、语义识别应用

语义分析相对于语音识别来说应用更加广泛,涉及的产品和应用场景涵盖了金融行业、政府行业、客服行业等多个领域。

(一)金融行业应用

语义分析的不断发展,使得机器能够很大程度上理解人的语言逻辑,给处于服务价值链高端的金融行业带来了深刻的影响。人工智能在语义识别方面的发展,给金融产品、服务方式、服务渠道及投资决策等带来重要影响。例如鼎福科技针对基金业研究人员、分析师等研究出来证券研报大数据云服务系统,该系统包含一系列智能化的工作,比如 SaaS 服务、提供公告、研报的全网采集和事件结构化分析等。具体如图 4.41 所示。

除此之外,证券公司还对人工智能语音语义、计算机视觉等方向进行研究和试验,主要分为六大方向,具体如图 4.42 所示。

(二)政府行业应用

智慧传播云服务是由鼎福科技和腾讯网共同合作推出的为政府机构、企事业单位提供互联网信息监测、预警的应用。该应用具有垃圾过滤核心、自动去重等功能,采用语义识别技术进行系统分析和挖掘。该应用还可以根据客户的需求定制不同的功能,比如舆情监控、统计表和预警定制等。

图 4.41　金融行业应用

图 4.42　证券公司研究方向

（三）客服行业应用

客服是劳动比较密集的行业。对于每个公司来说，雇用大量的客服人员会浪费很大的成本。为了解决这个问题，神州泰岳公司推出了一款智能客服机器人。该机器人的出现可以解决简单、重复性的工作。客服进行语义识别的过程如图 4.43 所示。

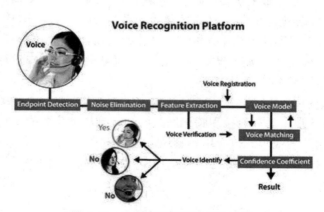

图 4.43　客服进行语义识别的过程

二、小富机器人案例分析

(一)小富机器人简介

小富机器人可以被称为"中国富二代智能机器人",是采用人工智能中的语义分析技术和大数据分析挖掘技术制作出来的一款用于客服相关行业、智能回答、无须用于维护的FAQ、支持多种方式进行人机交互(比如使用手机 APP、微信、短信和 WEB 等方式)等场景的应用。

(二)小富机器人功能

神州泰岳旗下的小富机器人开启了全媒体时代的智能客服中心,具有如下特点。

(1)首创业务场景机器人。小富机器人 4.0 主要从事客服、营销、外呼等业务,会根据不同场景的业务框架,进行不同类型和交互方式的设计,从而提供更专业、更有针对性的服务。

(2)整体性业务建模更具延展性。

(3)差异化的知识类型表达体系。小富机器人 4.0 拥有很强的业务知识体系,并拥有很强的记忆能力,能够根据业务逻辑自问自答,让交互更自然、更具有亲和力。

(4)智能碎片化知识加工。小富机器人 4.0 拥有丰富的知识加工模式,可以智能化地将知识转换成文档,当回答客户的提问时能够直接反馈。

(三)小富机器人使用步骤

小富机器人可以在微信中使用。在使用过程中,需要添加对应的公众号,具体步骤如下。第一步:打开微信,搜索"小富机器人",效果如图 4.44 所示。

图 4.44　搜索"小富机器人"

第二步:点击"小富机器人",进入小富机器人简介界面,如图 4.45 所示。

第三步:点击"关注",出现界面如图 4.46 所示。

图 4.45　小富机器人简介界面

图 4.46　小富机器人聊天界面

第四步：此时可以和小富机器人进行聊天，比如聊一些简单的话题，效果如图 4.47 所示。

第五步：聊一些情感类的内容，可以发现小富机器人可以对表达的情感进行判断，做出针对性的反应，效果如图 4.48 所示。

图 4.47　与小富机器人聊天效果

图 4.48　小富机器人对表达的情感进行判断

第六步：聊一些生活类的话题，会得到较为人性的回复，效果如图 4.49 所示。

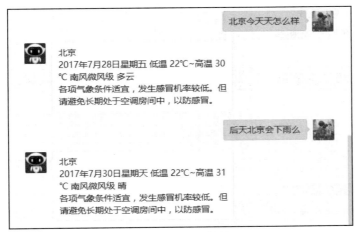

图 4.49 聊天效果

(四)小富机器人分析

1. 小富机器人实现需要的技术

小富机器人是一个 UI 与人工智能相结合的整体。如果想实现一款类似于小富机器人的应用,需要有 UI 设计方面的页面布局以及语音识别功能等多方面的知识。请读者查阅相关资料并填写下表。

	相关知识	使用软件
UI 布局		
语义识别相关 API		
人工智能		

2. 小富机器人和其他软件的优缺点

在使用和学习软件时,分析软件的优缺点是必不可少的环节。通过分析可以促使研发团队优化软件功能。对比小富机器人和其他相关的语义识别应用,并把每个软件的优缺点填入下表。

应用	优点	缺点
小富机器人		
×××		
××××		

3. 小富机器人的评价

从不同的角度对小富机器人进行评价。

	非常满意	满意	一般	不满意	建议
用户体验方面					
UI 界面美观度					
核心功能					

（五）小富机器人总结

通过对小富机器人案例的了解和分析，可以知道语义分析在人工智能和大数据领域的重要性。新科技的发展都离不开不懈的技术研究。不管将来从事什么职业，大家都需要不断地学习、探索，才能更上一层楼。

（六）小富机器人拓展

（1）如果你是项目经理，你会怎么设计语义分析类软件，让用户拥有更好的体验呢？

（2）如果你拥有自己的团队，想通过语义识别技术实现一款软件的研发或推广，你想要拥有什么功能的软件呢？

学习情境五　计算机视觉识别

任务一　计算机视觉概述

问题导入

学习目标

通过对计算机视觉概述的学习，了解什么是计算机视觉，熟悉计算机视觉发展历程及发展趋势，掌握计算机视觉的技术原理，具有计算机视觉处理的理论知识。在任务实现过程中：

- 了解什么是计算机视觉。
- 熟悉计算机视觉发展历程及发展趋势。

- 掌握计算机视觉的技术原理。
- 具有计算机视觉处理的理论知识。

学习概要

学习内容

一、什么是计算机视觉

人类拥有感知功能,可以通过图像特征进行物体辨别,比如通过物体的形状和特征来区别事物。对计算机来说,进行物体或图像特征的识别是极其困难的。人类通过眼睛进行事物的辨别,如图 5.1 所示。

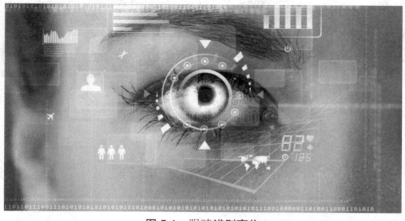

图 5.1 眼睛辨别事物

目前,计算机视觉技术的应用非常广泛,在图像注册、3D再造、物体探测等领域都需要用到计算机进行图像的识别。而在未来,智能汽车、虚拟现实、人工智能大脑等方面的实现都需要进行图像特征的识别。图像特征识别如图5.2所示。

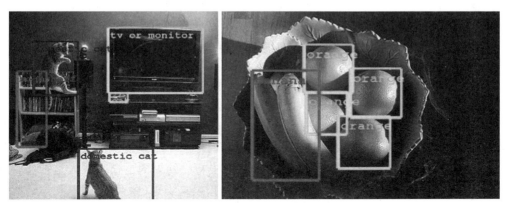

图5.2 图像特征识别

计算机视觉是一门包含了计算机科学与工程、信号处理、物理学、应用数学与统计、神经生理学和认知科学等综合性的科学学科,主要实现如何让计算机做到跟人的眼睛一样"看"并且识别事物。计算机视觉是对生物视觉的一种模拟,可以使用摄像头和计算机组合来代替人的眼睛,对图片或视频进行分割、分类、识别、跟踪、判别决策和测量等视觉处理,采集相应场景的三维信息,进而能够感知环境。计算机视觉在汽车识别中应用如图5.3所示。

图5.3 汽车识别

计算机视觉在模拟人类视觉时,可以继承人类视觉的优越分析能力,并且能够对人类视觉缺陷进行一定弥补。

(1)继承人类视觉的优越能力:①识别人、物体、场景;②估计立体空间、距离;③躲避障碍物进行导航;④想象并描述故事;⑤理解并讲解图片。

(2)弥补人类视觉的缺陷:①关注显著内容,容易忽略很多细节,不擅长精细感知;②描述主观,模棱两可;③不擅长长时间稳定地执行同一任务。

计算机视觉是以图像、视频为输入,以对环境的表达和理解为目标,研究图像信息组织、物体和场景识别,进而对事件给予解释的学科。目前,计算机视觉处于图像信息的组织和识别阶段,对事件解释鲜有涉及,是非常初级的阶段。在人工智能方向,相对于听觉、触觉等信息,人的大脑皮层 70% 的活动都在处理视觉信息,如果没有视觉信息的话,整个人工智能只是一个空架子,只能做符号推理,而计算机视觉的意义如下。

(1)在人类的感知器官中,视觉获取的信息量最大,大约为 80%,因此对于发展智能机器而言,赋予机器以人类视觉功能是十分重要的。

(2)计算机视觉研究是用计算机来模拟生物外显或宏观视觉功能的技术学科。

(3)计算机视觉的任务是用图像创建或恢复现实世界模型,然后认知现实世界。

(4)具体来说,让计算机具有对周围世界的空间物体进行传感、抽象、判断的能力,从而达到识别、理解的目的。

计算机视觉与人工智能有着紧密的关系,是人工智能的大门。除了与人工智能有联系外,计算机视觉与数字图像处理、机器学习、深度学习、模式识别、概率图模型、科学计算以及一系列的数学计算等也有部分重叠。计算机视觉的技术领域细分如图 5.4 所示。

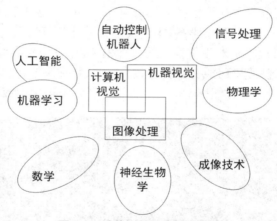

图 5.4　计算机视觉的技术领域

学习和运算能让计算机更好地理解图片环境,并且建立具有真正智能的视觉系统。当下环境中存在着大量的图片和视频内容,这些内容还需要学者们理解并在其中找出模式,来揭示那些以前不曾注意过的细节。计算机视觉系统如图 5.5 所示。

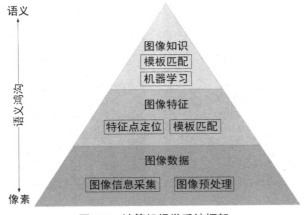

图 5.5　计算机视觉系统框架

二、计算机视觉的研究方向

目前,计算机视觉有两个研究方向:语义感知(Semantic)和几何属性(Geometry)。其中语义感知主要是对事物进行分割、分类、检测和识别等操作,几何属性是对环境的呈现,可以更好地感知环境。计算机视觉的研究方向如图 5.6 所示。

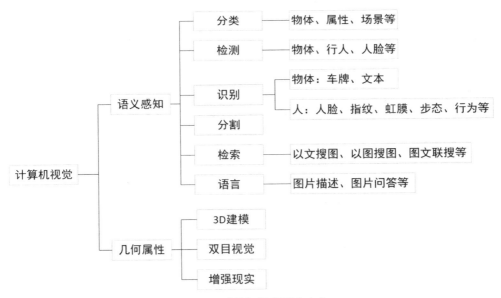

图 5.6　计算机视觉研究方向

三、计算机视觉的发展历程

计算机视觉起始于 20 世纪 50 年代,基于统计模式识别,主要用来进行二维图像分析和识别,如光学数字识别、工件表面的分析和理解等。二维图像识别效果如图 5.7 所示。

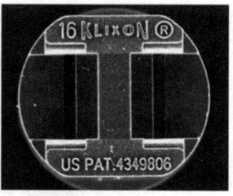

图 5.7　二维图像识别效果

在 1963 年，Roberts 提出"积木世界"理论，并于 1965 年通过计算机程序从数字图像中提取出诸如立方体、楔形体、棱柱体等多面体的三维结构，并对物体形状及物体的空间关系进行描述，为日后的计算机视觉发展奠定基础。三维立方体结构如图 5.8 所示。

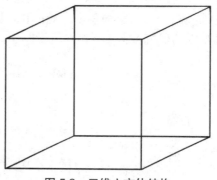

图 5.8　三维立方体结构

之后，开始对"积木世界"进行深入研究，范围从边缘的检测、角点特征的提取和线条、平面、曲线等几何要素分析，一直到图像明暗、纹理、运动以及成像几何等，并建立了各种数据结构和推理规则。

在 1966 年，人工智能学家马文·明斯基在暑假作业里提出开发一个视觉系统，让学生编写程序并让计算机告诉我们摄像头看到了什么。这是人工智能在图像识别方面的首次应用。

20 世纪 70 年代，David Marr 提出了与"积木世界"分析方法不同的新的计算机视觉理论，尽管有诸多缺陷，但一直处于主导地位，是第一个较为完善的视觉系统框架，分三个层次进行处理，分别是：计算理论、表示和算法及硬件实现。对三个层次的解释如表 5.1 所示。

表 5.1　对"新计算机视觉理论"的三个层次的解释

计算理论	表示和算法	硬件实现
信息处理问题的定义,它的解就是计算的目标。这种计算具有抽象性质的特征。在可见世界内找出这些性质,构成这个问题的约束条件	为完成期望进行的计算所采用的算法的研究	完成算法的物理实体,它由给定的硬件系统构成机器硬件的构架

　　20 世纪 80 年代,计算机视觉开始飞速发展,新概念、新理论、新方法不断涌现。如主动视觉理论框架、基于感知特征群的物体识别理论框架等。它们不是先将物体恢复为三维结构,再使计算机理解图像,而是将已知物品转化成先验特征,然后与计算机看到的物品图像进行匹配。基于感知特征群的物体识别效果如图 5.9 所示。

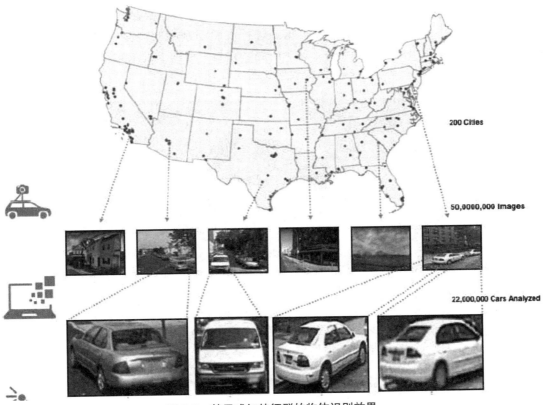

图 5.9　基于感知特征群的物体识别效果

　　20 世纪 90 年代,由于从不同角度对物体的形状、颜色、纹理等特征进行观察,会得到不同的结果,因此出现了基于多视几何的视觉理论的统计方法。它通过对物体局部特征的对比进行识别,可以很好地避免特征观察的不稳定性,使识别更准确,在工业环境中应用广泛。局部特征识别如图 5.10 所示。

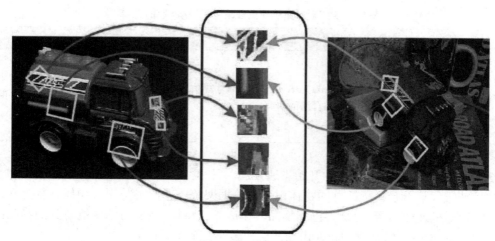

图 5.10 局部识别

21 世纪初,互联网出现,产生海量数据。机器学习随之开始兴起,能够从海量数据中归纳物体的特征并进行识别。在此之前,想要进行人脸识别的实现是很困难的,但 Viola&Jones 人脸检测器的出现很好地解决了这个问题。它是一种基于机器学习的算法,为当代计算机视觉奠定了基础。基本的人脸识别效果如图 5.11 所示。

图 5.11 人脸识别

2010 年后,深度学习的出现给人工智能带来了本质变化,也改变了计算机视觉。深度学习使计算机视觉进行物体识别的速度和准确率有了大幅度的提升,某些方面已经超越人类。而自动驾驶与无人机的出现也预示着计算机视觉技术在未来的重要地位。无人机如图5.12 所示。

图 5.12　无人机

四、计算机视觉现状及发展趋势分析

计算机的出现,改变了传统人工的工作环境,现在约 75% 的工作需要用到计算机和互联网。而与计算机相关的技术也得到了极大的发展。其中,计算机视觉是人工智能范畴的新领域,以视觉处理为中心,涉及多个领域,如计算机图形学、机器人、图像处理等。

在计算机视觉中,视觉理解是一个重要的处理环节。目前,能够进行视觉理解并反馈信息的机器已经可以代替人来完成一些工作,如自动装配、焊接、自动导航等。赋予机器以人的视觉信息处理能力,使机器代替人进行服务的愿望在特定范围、特定任务下已成为现实。计算机视觉在很多方面得到应用,包括机器人、天文、地理、医学、物理等方面。计算机视觉在工业方面的应用如图 5.13 所示。

目前,计算机视觉的应用主要集中在一些狭隘的方向,包括人脸识别、指纹识别、文字识别等。其中,人脸识别是目前应用最为广泛的,但都只能单方面地进行识别,无法进行更多方向的应用。

从研究成果来看,与人的视觉相比,计算机视觉还处于低水平阶段,在许多方面达不到实际的应用要求,但随着研究的深入,计算机视觉的发展不可估量。未来计算机视觉将在很多方面有着不可替代的作用。未来计算机视觉的发展趋势如下。

1. 汽车驾驶方面

进行无人驾驶汽车的研究开发,主要依靠车内的以计算机系统为主的智能驾驶仪来实现无人驾驶的目标,这与计算机视觉是密不可分的。无人驾驶汽车如图 5.14 所示。

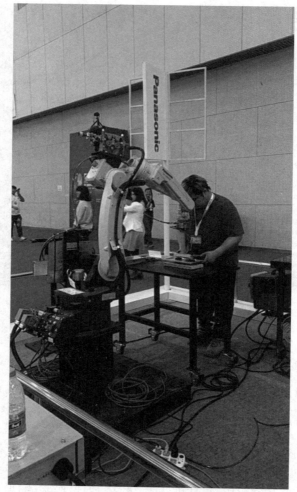

图 5.13　计算机视觉在工业方面的应用

图 5.14　无人驾驶汽车

2. 工业方面

无人工厂的研究开发,以计算机视觉为基础,结合自动化工业机器,将机器智能化,节省人力,效率高,产品精密。无人工厂如图 5.15 所示。

图 5.15　无人工厂

3. 机器人方面

研发智能机器人,使机器人像人一样可以思考、观察、学习,能够为人类进行服务。智能机器人如图 5.16 所示。

图 5.16　智能机器人

五、计算机视觉的技术原理

在人工智能领域,如果想使用计算机视觉技术实现"图像识别"时,需要掌握计算机视觉的技术原理。计算机视觉识别过程如图 5.17 所示。

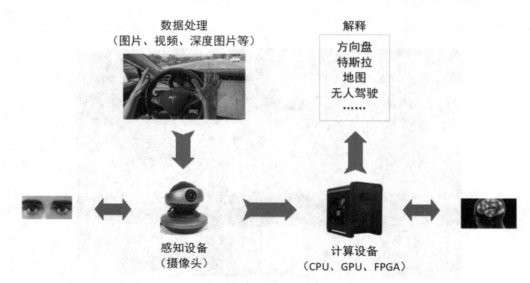

图 5.17 计算机视觉识别过程

计算机视觉就是用各种成像设备代替视觉器官作为输入手段,由计算机来代替大脑完成处理和解释。计算机视觉的最终目标就是使计算机能像人那样通过视觉观察和理解世界,具有自主适应环境的能力。目前,计算机视觉应用最为成熟的就是"人脸识别"。下面主要介绍人脸识别过程,步骤如下。

第一步:人脸检测。人脸的检测,可以检测到人脸并进行人脸图像的捕捉,之后通过过滤器进行信息过滤。可以使用 OpenCV 跨平台计算机视觉库自带的库函数进行检测,包含的算法有 Adaboost、Harr 特征和 LBP 算法等。人脸检测如图 5.18 所示。

第二步:人脸对齐。人脸区域进行特征点的定位,并将人脸框的大小与人脸大小进行同一化,之后切割分析人脸面部区域。当人脸表情、头部姿势有变化时,仍能精确定位人脸的主要位置。人脸对齐效果如图 5.19 所示。

图 5.18 人脸检测

图 5.19 人脸对齐

第三步:人脸建模。对局部纹理和特征进行建模分析,效果如图 5.20 所示。

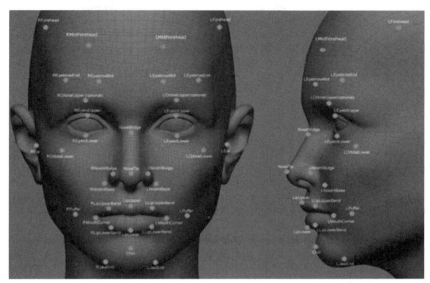

图 5.20　人脸建模

第四步：人脸识别。将采集到的人脸图片与图像库中的人脸特征进行对比,效果如图 5.21 所示。

图 5.21　人脸识别

第五步：相似性度量。进行两者相似度的对比,对比结果相似度越高,两个人是同一个人的概率也就越大。人脸识别最理想的相似度为 100%。由于对比的过程中存在干扰,所以很难达到 100%。人脸识别完成效果如图 5.22 所示。

置信度分数: 93.06

两张脸属于同一个人

图 5.22 相似度的对比

知识回顾

计算机视觉概述				
概念	研究方向	发展历程	现状及发展趋势	技术原理
计算机视觉主要实现如何让计算机做到跟人的眼睛一样"看"并且识别事物,是对生物视觉的一种模拟,可以使用摄像头和计算机组合来代替人的眼睛	有两个研究方向:语义感知、几何属性。其中语义感知主要是对事物进行分割、分类、检测和识别等操作,几何属性是对环境的呈现	20世纪50年代→1963年→1966年→20世纪70年代→20世纪80年代→20世纪90年代→21世纪初→2010年	与人的视觉相比还处于低水平阶段,在许多方面达不到实际的应用要求,未来计算机视觉将在很多方面有着不可替代的作用,如无人驾驶汽车、无人工厂等	第一步:人脸检测 第二步:人脸对齐 第三步:人脸建模 第四步:人脸识别 第五步:相似性度量

任务二　计算机视觉应用

问题导入

学习目标

　　通过对计算机视觉技术应用的学习,了解计算机视觉的应用领域,熟悉计算机视觉的应用方向,掌握计算机视觉在项目中的应用,具有使用及分析全能扫描翻译(App)的能力。在任务实现过程中:

- 了解计算机视觉的应用领域。
- 熟悉计算机视觉的应用方向。
- 掌握计算机视觉在项目中的应用。
- 具有使用及分析全能扫描翻译(App)的能力。

学习概要

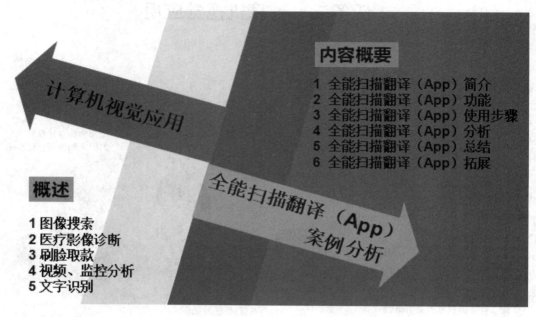

学习内容

一、计算机视觉应用概述

目前,计算机视觉技术从最初的数字识别到现在的物体识别,从单个应用领域范围逐渐向外扩张至各个领域,主要应用领域如图 5.23 所示。

图 5.23　计算机视觉应用领域

计算机视觉技术的应用主要概括为两个方向,一个方向为图像处理,另一个方向是视频处理。计算机视觉技术应用结构如图 5.24 所示。

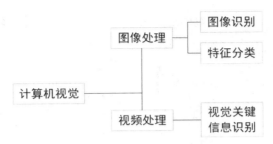

图 5.24　计算机视觉应用结构

计算机视觉在图片处理方向的应用主要分为两类,分别是图像识别和特征分类。其中,最具代表性的应用如图 5.25 所示。

图 5.25　图片处理方向应用

而在视频处理方向,视觉关键信息识别是核心,其主要应用如图 5.26 所示。

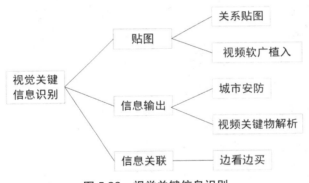

图 5.26　视觉关键信息识别

(一)图像搜索

首先拍摄一张图片,之后在淘宝上进行搜索,就可以找到相似的产品了。效果如图 5.27 所示。

(二)医疗影像诊断

目前,医疗数据中大多数数据来源于医疗影像,数据量大,通过医疗影像诊断可以给医生辅助,提升诊断效率。如图 5.28 所示。

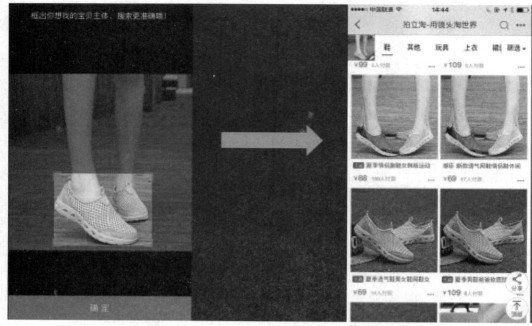

图 5.27　图像搜索

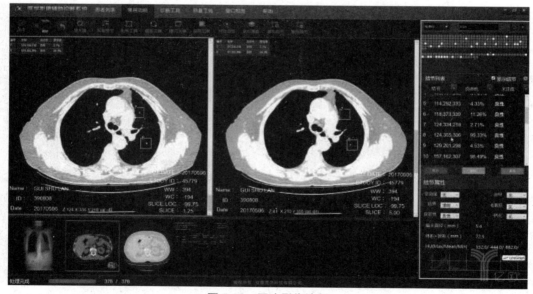

图 5.28　医疗影像诊断

（三）刷脸取款

　　"刷脸"是一种计算机视觉技术,被应用在各个地方。以前取钱需要带着存折,现在开始流行刷脸取款,不仅给我们带来了便利,而且安全系数也相对较高。刷脸取款效果如图5.29所示。

图 5.29　刷脸取款

(四)视频、监控分析

视频、监控分析是通过摄像头对人、车、物等内容信息进行快速检索、查询,可以用于搜索罪犯,提高破案率。通过监控设备还可以进行人体移动分析,查看该动作是否为危险动作,对于入侵检测和道路检测也有着很大的作用。视频、监控分析主要用于安全和预防,可以给人类带来更安全的生活环境。视频、监控分析如图 5.30 所示。

图 5.30　视频、监控分析

(五)文字识别

计算机文字识别也叫光学字符识别,利用计算机视觉技术将纸上的文字读取出来,并转化为计算机理解的格式,实现了文字的高速录入。文字识别如图 5.31 所示。

图 5.31　文字识别

二、全能扫描翻译（App）案例分析

（一）全能扫描翻译（App）简介

全能扫描翻译（App）是应用计算机视觉技术研发出来的一款图片文字识别软件，它支持多种格式的图片，如 jpg、png、pdf、bmp 等，识别率高，转换快，只要图片文字清晰，转换后基本不用再次修改。

全能扫描翻译（App）在苹果手机的应用中效果如图 5.32 所示。

图 5.32　在苹果手机的应用中的效果

（二）全能扫描翻译（App）功能

全能扫描翻译（App）是一个集图片文字识别、翻译于一体的计算机视觉识别应用,其图片文字识别、内容翻译和身份证识别等功能深受用户喜爱,其主要功能如图 5.33 所示。

图 5.33　全能扫描翻译（App）功能

其中:

（1）文字识别:通过扫描图片可以将图片中的文字识别出来并转化成电子档文字。

（2）翻译:主要是对扫描结果的翻译。

（3）身份证识别:扫描身份证图片中的文字信息,并将信息通过固定的格式转化成电子文档。

（4）银行卡识别:跟身份证识别类似,主要内容为卡号、类型、银行、有效期等。

（5）驾驶证识别:主要是对驾驶证中各项内容的识别,并且还可以进行公章识别。

（6）行驶证识别:跟驾驶证识别类似,主要识别行驶证中的各项内容。

（7）营业执照识别:主要是对注册号、公司名称、地址和营业期限的识别。

（8）名片识别:识别名片中包含的各项内容。

（三）全能扫描翻译（App）使用步骤

第一步:打开手机点击"全能扫描翻译"进入软件,全能扫描翻译软件主界面如图 5.34 所示。

第二步:点击"通用文字识别",进入文字识别图片获取界面,如图 5.35 所示。

图 5.34 "全能扫描翻译"主界面

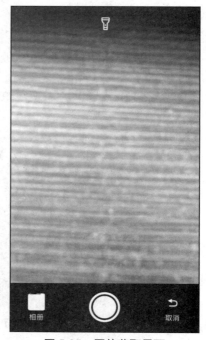

图 5.35   图片获取界面

第三步:在图片获取界面有两种方式获取文字图片,一种是拍照,另一种是从相册里选取。如图 5.36、3.37 所示。

图 5.36 拍照获取

图 5.37   从相册里获取

第四步:图片选取完成,如图 5.38 所示。

第五步：点击"扫描"按钮进行图片文字识别，效果如图5.39所示。

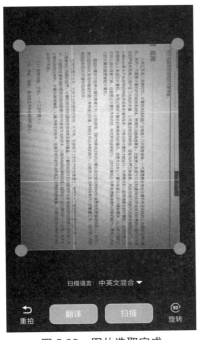

图5.38　图片选取完成

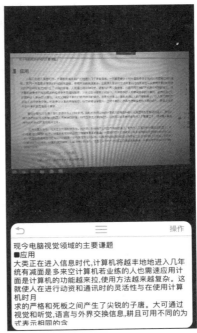

图5.39　图片文字识别

第六步：图片文字识别成功后，点击操作可以对文字进行操作，如图5.40所示。

第七步：点击编辑进入编辑界面，如图5.41所示。

图5.40　对文字进行操作

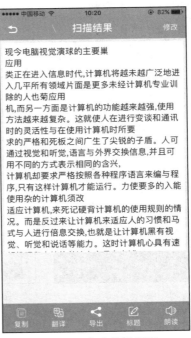

图5.41　文字编辑界面

第八步：点击右上角"修改"按钮可以对文字进行修改，如图 5.42 所示。

图 5.42　文字修改效果

第九步：点击"复制"按钮进行文字复制，点击"翻译"按钮进行文字翻译，点击"导出 TXT"或"导出 PDF"可以将文字保存成文件，点击"朗读"按钮可以读文字，如图 5.43 所示。

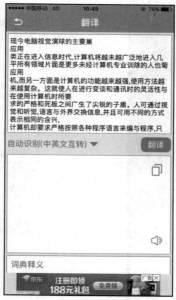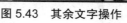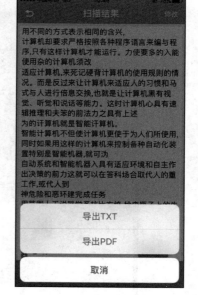

图 5.43　其余文字操作

第十步：返回扫描主界面，点击其余识别功能可进行各个类型图片文字的识别，身份证识别如图 5.44 所示。

第十一步：返回扫描主界面，点击"记录"按钮进入图片文字识别或翻译扫描记录界面，如图 5.45 所示。

图 5.44　身份证识别

图 5.45　"扫描记录"界面

第十二步：点击"记录"列表可进入相应的图片文字识别记录编辑界面，如图 5.46 所示。

第十三步：返回扫描记录界面，点击右上角"删除"按钮可进行扫描记录的删除，如图 5.47 所示。

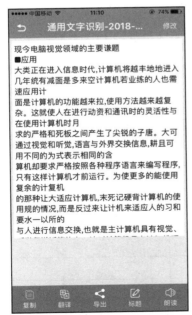

图 5.46　识别记录编辑界面

图 5.47　删除成功效果

第十四步:点击"翻译"按钮进入智能翻译助手界面,在该界面可以进行语音输入文字翻译,也可以拍照或从相册选取图片翻译,还可以手动输入文字翻译,如图5.48所示。

第十五步:点击"设置"按钮进入设置界面,在该界面可以进行相关设置,如防抖拍摄设置、扫描质量和大小等,如图5.49所示。

图 5.48　翻译界面

图 5.49　设置界面

(四)全能扫描翻译(App)分析

1. 全能扫描翻译(App)实现需要的技术

全能扫描翻译(App)是一个UI与人工智能相结合的整体,如果想实现一款类似于全能扫描翻译(App)的应用,需要有UI设计方面的页面布局、计算机视觉图片识别功能、人工智能方面等多方面的知识,请读者查阅相关资料并填写下表。

	相关知识	使用软件
UI 布局		
图片识别相关 API		
人工智能		

2. 全能扫描翻译(App)和其他软件的优缺点

在使用和学习软件时,分析软件的优缺点是必不可少的环节。通过分析可以促使研发团队优化软件功能,对比全能扫描翻译(App)和其他相关的扫描识别应用,并把每个软件的优缺点填入下表。

	优点	缺点
全能扫描翻译		
扫描翻译大师		
图文识别		

3. 全能扫描翻译(App)的评价

从不同的角度对全能扫描翻译(App)评价。

	非常满意	满意	一般	不满意	建议
用户体验方面					
UI 界面美观度					
核心功能					

(五)全能扫描翻译(App)总结

通过对全能扫描翻译(App)案例的了解和分析,可以知道计算机视觉在人工智能和大数据领域的重要性。新科技的发展离不开不懈的技术研究,不管将来从事什么职业,大家都需要不断地学习、探索,才能更上一层楼。

(六)全能扫描翻译(App)拓展

(1)如果你是项目经理,你会怎么设计计算机视觉处理类软件,让用户拥有更好的体验呢?

(2)如果你拥有自己的团队,想通过计算机视觉技术实现一款软件的研发或推广,你想要拥有什么功能的软件呢?

学习情境六　人工智能芯片

任务一　人工智能芯片概述

问题导入

学习目标

通过对人工智能芯片的学习,了解什么是人工智能芯片,熟悉人工智能芯片的分类,掌握人工智能芯片的现状及发展趋势,具有比较传统芯片和人工智能芯片的能力。在任务实现过程中:

- 了解什么是人工智能芯片。
- 熟悉人工智能芯片的分类。

- 掌握人工智能芯片的现状及发展趋势。
- 具有比较传统芯片和人工智能芯片的能力。

学习概要

学习内容

一、什么是人工智能芯片

随着大数据与人工智能时代的来临,对数据计算能力的要求不断提升。目前人工智能的实现需要依赖三个要素:核心算法、基础硬件和海量数据。其中,硬件最重要的组成部分就是芯片。

为响应人工智能深度学习算法的需要,芯片在计算速度、低能耗和计算效率方面被提出了更高的要求,人工智能芯片随之出现。目前用于计算的 GPU、FPGA 均非人工智能定制芯片,存在天然局限性。除了 GPU 有明显的优势外,还有很多典型人工智能专用芯片出现。人工智能芯片诞生背景如图 6.1 所示。

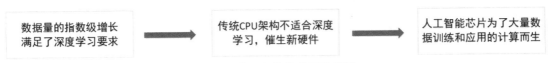

图 6.1　人工智能芯片诞生背景

人工智能芯片属于软件定义芯片,是专门针对人工智能算法提高加速处理的芯片。人工智能芯片加载数据多、运算速度快、效率高,并且包含可重构计算和深度学习两个因素。可重构计算是指利用可重用的硬件架构和功能,根据不同的应用需求,动态地、实时地跟随软件的变化而变化。深度学习是一种基于对数据进行特征学习的方法,使用算法给机器构建神经网络,通过模拟人脑的神经元之间传递和处理信息的模式,从不同角度和不同层次来观察、学习、判断和决策。

人工智能芯片是计算的基础,决定着计算平台、计算时代的架构和未来生态,是产业发展的趋势。因此,全球各大 IT 巨头都投巨资加入到芯片产业,加速人工智能芯片的研发,目的是在人工智能时代抢占战略制高点和掌控主导权。尽管人工智能芯片发展迅猛,但原有的传统芯片不会一夜之间变成人工智能芯片。传统芯片想要构成人工智能芯片,至少要满足以下特征。

(1)可编程性:适应算法的演进和应用的多样性。

(2)架构的动态可变性:适应不同的算法,实现高效计算。

(3)高效的架构变换能力:<10 Clock cycle,降低开销。

(4)高计算效率:避免使用指令这类低效率的架构。

(5)高能量效率:~5 Tops/W;某些应用功耗 <1 mW;某些应用识别速度 >25 f/s。

(6)低成本:能够进入家电和消费类电子。

(7)体积小:能够装载在移动设备上。

(8)应用开发简便:不需要芯片设计方面的知识。

二　人工智能芯片的发展

当使用大规模深度学习算法时,对计算能力提出了更高的要求。因此,一款运算能力强大的人工智能芯片是非常重要的。在早期使用深度学习算法进行语音识别的模型中,拥有429 个神经元的输入层,整个网络拥有 156 M 个参数,训练时间超过 75 天,训练时间长、效率低。随着人工智能芯片的发展,人工智能技术也有了质的飞跃。人工智能芯片发展如图6.2 所示。

从人工智能芯片的发展来看,现有的芯片包含三个分类:通用芯片、半通用芯片和专用芯片。其中通用芯片与专用芯片不是互相替代的关系,二者必须协同工作才能发挥出最大的价值。现有芯片的分类如图 6.3 所示。

其中,基于通用芯片实现的 CPU、GPU 和 FPGA 等是目前人工智能领域的主要芯片。而针对人工智能算法被研发出的专用芯片 ASIC 也正在被各大 IT 巨头和众多初创公司陆续推出,逐步取代当前的通用芯片,成为人工智能芯片的主力。各大公司推出的芯片如表6.1 所示。

人工智能芯片发展

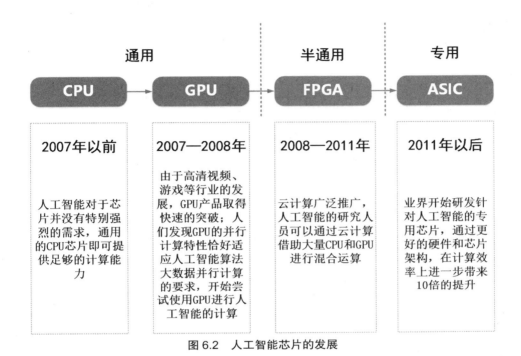

图6.2　人工智能芯片的发展

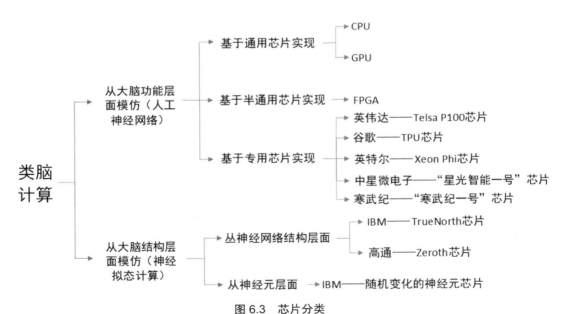

图6.3　芯片分类

表 6.1　各大公司推出的芯片

公司	芯片型号	描述
高通	骁龙	与 Facebook AI 研究所合作研制人工智能芯片
谷歌	TPU	专为其深度学习算法 TensorFlow 设计
AMD	GPU	GPU 第二大市场
英特尔	Xeon Phi Knights Mill	可用于包括深度学习在内的高性能计算,能充当主处理器
微软	FPGA	自主研发,已被用于 Bing 搜索,能支持微软的云服务 Azure,速度比传统芯片快
Xilinx	FPGA	世界最大的 FPGA 制造厂商,2016 年推出支持深度学习的 revision 堆栈
苹果	专用芯片 Apple Neural Engine	该芯片定位于本地设备 AI 任务处理,把面部识别、语音识别等 AI 相关任务集中到 AI 模块上,提升人工智能算法效率
地平线机器人	BPU	推出 BPU 架构,第一代 BPU 在 FPGA 和 ARM 架构上实现
深鉴科技	DPU	基于 Xilinx FPGA 推出 DPU
华为	麒麟 970	嵌入式神经网络处理器(NPU)芯片,解决端侧 AI 挑战;单元架构能够对深度学习的神经网络架构实现通用性的支撑,以超高的性能功耗比实现 AI 训练及应用在移动端的落地
中星微电子	星光智能一号	嵌入式神经网络处理器(4 个 NPU 核)芯片,加速人工智能神经网络模型
寒武纪	寒武纪一号 DianNao	嵌入式神经网络处理器(NPU)芯片,加速人工智能神经网络模型
英伟达	GPU	适合并行运算,占目前 AI 芯片市场最大份额
IBM	TrueNorth 真北类脑芯片	是一种基于神经网络形态工程

三、人工智能芯片现状及发展趋势分析

(一)全球人工智能芯片现状及发展趋势分析

现今,全球的 IT 巨头都在加紧人工智能芯片的布局,希望走在人工智能时代的前沿。其中英伟达一直处于领先地位,但随着其他巨头公司的加入,人工智能芯片的格局将不可预测,但不可否认,人工智能芯片的未来有着广阔的发展空间。人工智能芯片领域布局如图6.4 所示。

目前云端人工智能市场 GPU 占据主导地位,占人工智能芯片市场份额的三分之一以上。以 TPU 为代表的 ASIC 目前只运用在巨头的闭环生态,FPGA 在数据中心业务中发展较快。GPU、TPU 等适合并行运算的处理器成为支撑人工智能运算的主力器件,既存在竞争又长期共存,在一定程度上可相互配合。FPGA 有望在数据中心业务承担较多角色,在云端主要作为有效补充存在。

　　其次,从主要的几个人工智能芯片来看,GPU 的计算能力要比 CPU 高很多倍。在 GPU
市场上,Intel 目前占了 71%,NVIDIA 占了 16%,AMD 占了 13%。如图 6.5 所示。

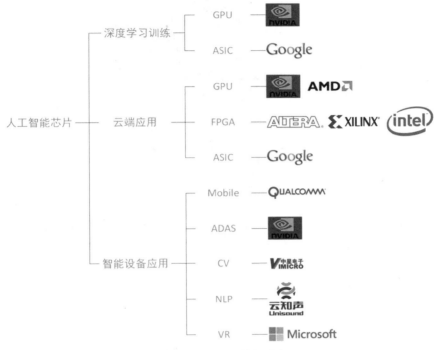

图 6.4　人工智能芯片领域布局

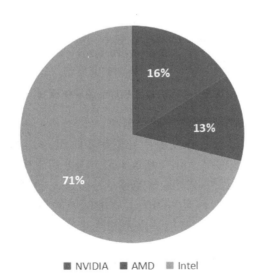

图 6.5　人工智能芯片 GPU 格局

　　但在分立式 GPU 市场上,NVIDIA 占了 71%,AMD 占了 29%。因此 NVIDIA 在分立式
GPU 市场产品中占有绝对的优势,其产品广泛应用于数据中心的人工智能训练。人工智能

芯片分立式 GPU 格局如图 6.6 所示。

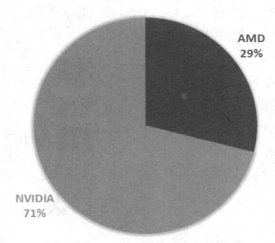

图 6.6　人工智能芯片分立式 GPU 格局

目前人工智能芯片市场规模达到 6 亿美元,预计到 2022 年将达到 60 亿美元,年复合增长率达到 46.7%,增长迅猛,发展空间巨大。人工智能芯片市场规模预测如图 6.7 所示。

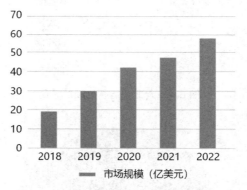

图 6.7　人工智能芯片市场规模预测

（二）中国人工智能芯片现状及发展趋势分析

目前,我国的人工智能芯片行业发展尚处于起步阶段,人工智能芯片市场规模约为 15 亿元。在全球十大人工智能芯片厂商中,就有 3 家中国公司上榜。其中,华为在国际消费类电子产品展览会上发布了华为首款人工智能移动芯片——麒麟 970,是业界首款带有独立 NPU(神经网络单元)的手机芯片,是华为人工智能领域的重大突破,为华为的人工智能事业奠定了基础。这不仅是华为人工智能道路上的重要里程碑,也是中国芯片设计行业的重要里程碑。

据统计,分布在北京、上海、深圳三座城市的中国人工智能相关企业总数达 447 家,这个数值还在迅速攀升。目前,中国正在大力发展人工智能芯片产业,以缩小与全球 IT 巨头的差距,并且几乎所有互联网产品都包含了或多或少的算法和深度学习功能,人工智能正一步步地成为中国互联网公司的标配。我国人工智能芯片的种类及主要代表企业如表 6.2

所示。

表 6.2　我国人工智能芯片的种类及主要代表企业

领域	主要企业代表
人工智能专业芯片	科大讯飞、中科曙光（寒武纪芯片）
	东方网力（深度学习芯片）
	汉邦高科（人工智能算法芯片）
	和而泰（卡位智能控制器入口）
	鲁亿通（投资人工智能专业芯片研发）
	综艺股份（嵌入式神经网络处理芯片）
CPU	北京君正
	三毛派神
GPU	景嘉微
FPGA	振华科技
	同方国芯
SOC 设计	全志科技
	中科创达
	国民技术

在国家政策和市场资本的双重推动下,中国人工智能芯片行业的发展迎来了新一轮的爆发。

通过分析我国人工智能发展过程,可以得出各个阶段对应的芯片形态以及未来芯片的发展预测,如图 6.8 所示。

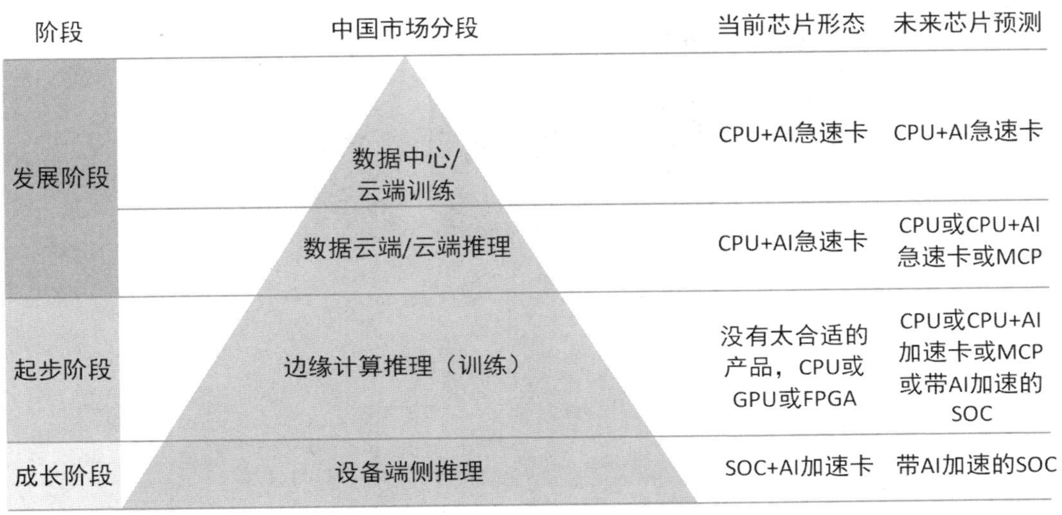

阶段	中国市场分段	当前芯片形态	未来芯片预测
发展阶段	数据中心/云端训练	CPU+AI急速卡	CPU+AI急速卡
	数据云端/云端推理	CPU+AI急速卡	CPU或CPU+AI急速卡或MCP
起步阶段	边缘计算推理（训练）	没有太合适的产品，CPU或GPU或FPGA	CPU或CPU+AI加速卡或MCP或带AI加速的SOC
成长阶段	设备端侧推理	SOC+AI加速卡	带AI加速的SOC

图 6.8　我国芯片发展预测

经历了互联网和移动互联网的迅速发展,中国成为重要的数据大国。结合我国人工智能市场规模,可预测出我国人工智能芯片未来的市场,如图6.9所示。

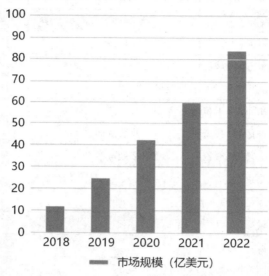

图 6.9　我国人工智能芯片市场规模预测

知识回顾

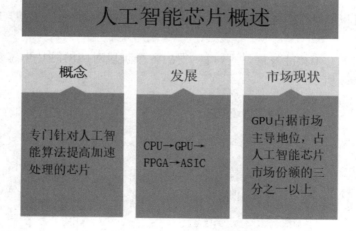

任务二　人工智能芯片性能分析

问题导入

学习目标

　　通过对人工智能芯片性能的分析,了解各类芯片的概念,熟悉各类芯片的特点,掌握各类芯片的局限性,具有人工智能芯片选型的能力。在任务实现过程中:

- 了解各类芯片的概念。
- 熟悉各类芯片的特点。
- 掌握各类芯片的局限性。
- 具有人工智能芯片选型的能力。

学习概要

学习内容

　　人工智能应用领域不断开拓,市场规模快速增长,目前已经覆盖深度学习、计算机视觉、人脸识别、个人助理、智慧机器人等应用,涉及工业机器人、安全识别、无人驾驶、智能医疗、智能家居等多个新兴产业。人工智能芯片的出现将推动新一轮科技革命。通过以上的学习了解,可以知道目前深度学习领域常用的芯片类型有四类: CPU、GPU、FPGA 和 ASIC。四类芯片的代表分别有 Intel 的酷睿 2CPU、NVIDIA 的 Tesla 系列 GPU、赛灵思 Xilinx 的 FPGA 和 Google 的 TPU。

一、CPU

(一)CPU 简介

　　传统计算架构一般包含五个部分:中央运算器(执行指令计算)、中央控制器(让指令有序执行)、输入(输入编程指令)、输出(输出结果)和内存(存储指令),其中中央运算器和中央控制器集成在一块芯片上,就构成了我们所说的 CPU。CPU 芯片如图 6.10 所示。

　　CPU 作为通用处理器,除了满足计算要求,为了更好地响应人机交互的应用,它还要能处理复杂的条件和分支以及任务之间的同步协调,所以芯片上需要很多空间来进行分支预测与优化(Control),保存各种状态(Cache)以降低任务切换时的延时。这也使得它更适合逻辑控制、串行运算与通用类型数据运算。CPU 芯片内部结构如图 6.11 所示。

图 6.10　CPU 芯片

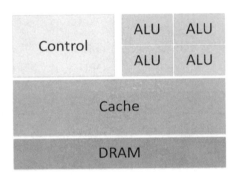

图 6.11　CPU 芯片内部结构

ALU 模块（逻辑运算单元）是用来完成指令数据计算的,其他各个模块是为了保证指令能够一条接一条地有序执行。这种通用性结构对于传统的编程计算模式非常适合,可以通过提升 CPU 主频（提升单位时间执行指令速度）来提升计算速度。当需要进行海量数据运算的深度学习时,这种结构就显得非常笨拙。目前提高数据运算主要的方式是使用已有的 GPU、FPGA 等通用芯片。CPU 芯片电路板如图 6.12 所示。

在深度学习领域,CPU 处于一个很尴尬的境地:既重要又不太重要。

(1) 重要: CPU 是深度学习领域的重要组成部分。例如,"Google Brain"是科学家吴恩达利用 16 000 颗 CPU 搭建的当时世界上最大的人工神经网络。

(2) 不太重要:相比于其他硬件加速工具,CPU 在架构上就有着先天的弱势。在 CPU 构架中,存在高速缓存（Cache）,但容量较小,大量的数据只能存放在内存（RAM）中。数据处理时,先从内存中读取数据,之后在 CPU 中运算数据,最后数据重新回到内存。

（二）CPU 特点

CPU 特点如下。

图 6.12　CPU 芯片电路板

（1）强大的算术运算单元 ALU，可以在很短的时间周期内完成算数计算。

（2）复杂的逻辑控制单元，当程序含有多个分支时，通过提供分支预测来降低延时。

（3）包含诸多优化电路，当指令依赖前面的指令结果时，可以决定这些指令在 pipeline 中的位置，并尽可能快地转发一个指令的结果给后续指令。

二、GPU

（一）GPU 简介

GPU 是图形处理器，又称显示核心、视觉处理器、显示芯片，适用于计算强度高、多并行的计算，主要擅长做类似图像处理的并行计算。GPU 芯片如图 6.13 所示。

图 6.13　GPU 芯片

GPU 中含有大量的计算单元（多达几千个计算单元）和大量的高速内存，每个数据单元执行相同程序，不需要大容量的高速缓存（Cache），就可以同时对很多像素进行并行处理。因此，大部分的计算单元可以组成各类专用电路、多条流水线，使得 GPU 的计算速度有了更大的提高，并拥有了更强大的浮点运算能力。GPU 芯片内部结构如图 6.14 所示。

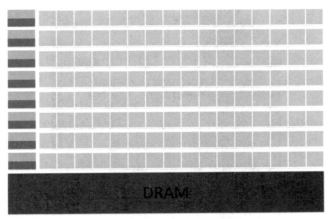

图 6.14　GPU 芯片内部结构

使用 GPU 进行数据处理的过程如下。

第一步：GPU 从 CPU 处得到数据处理的指令。

第二步：把大规模、无结构化的数据分解成很多独立的部分。

第三步：将各个独立部分分配给各个流处理器集群。

第四步：每个流处理器集群再次把数据分解。

第五步：将分解的数据分配给调度器所控制的多个计算核心，同时执行数据的计算和处理。

（二）GPU 特点

GPU 特点如下。

（1）吞吐量大。

（2）拥有数量多的硬件处理单元。

（3）每个处理单元都是多线程的，即使有的线程被停止了，GPU 还能够继续正常执行。

（4）内存带宽高。

（三）与 CPU 进行对比

GPU 与 CPU 都是由控制器（Control），寄存器（Cache、DRAM）和逻辑单元（ALU：Arithmetic Logic Unit）构成，有特有的缓存体系，并且都是为了完成计算任务而设计的。CPU 与 GPU 架构如图 6.15 和图 6.16 所示。

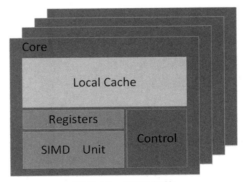

图 6.15　CPU 架构

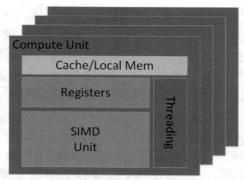

图 6.16　GPU 架构

尽管 GPU 与 CPU 有着诸多的相似之处,但架构和适应场景也有着很大的区别,GPU 与 CPU 区别如表 6.3 所示。

表 6.3　GPU 与 CPU 区别

区别	CPU	GPU
架构区别	70% 的晶体管用来构建 Cache,还有一部分控制单元,最后一部分负责逻辑算数	整体是一个庞大的计算矩阵
	依赖 Cache	不依赖 Cache
	逻辑核心复杂	逻辑核心简单
适应场景	适合串行	适合大规模并行
	处理复杂计算步骤和数据依赖的计算任务	图像处理
本质区别	电脑的运算和控制核心	一个附属型处理器

除了架构和适应场景的区别外,最主要的是计算方面的比较,区别如下。

(1)CPU 处理的任务较少,GPU 可以处理大量的任务。

(2)CPU 适合逻辑比较复杂的任务,而 GPU 则适合处理逻辑相对简单的任务。

(3)CPU 进行线程切换时,会将线程的寄存器内容保存在 RAM 中,当线程再次启动时则会将数据从 RAM 中取出并重新放到寄存器。而 GPU 中的各个线程拥有自身的寄存器组,切换速度会比 CPU 快。

(4)CPU 是基于时间片轮转调度原则,每个线程固定地执行单个时间片。GPU 的策略则是在线程阻塞的时候迅速换入换出。

(5)GPU 中的一个流处理器就相当于一个 CPU 核,一个 GPU 具有 16 个流处理器。

(四)GPU 局限性

通用芯片初期设计时,并不是专门针对深度学习的,因此,存在性能、功耗等方面的瓶颈。GPU 在深度学习应用中,有三个方面的局限性。

(1)进行深度学习运算时,无法充分发挥并行计算优势。深度学习包含训练和应用两个计算环节。GPU 在深度学习算法训练上非常高效,但在应用时一次只能对一张图像进行处理,并行运算的优势不能完全发挥。

（2）硬件结构固定,不具备可编程性。深度学习算法还未完全稳定,若深度学习算法发生大的变化,GPU 无法灵活配置硬件结构。

（3）运行深度学习算法能效远低于 FPGA。

三、FPGA

（一）FPGA 简介

FPGA 即现场可编辑门阵列,是一种集成大量基本门电路及存储器的可编程半定制芯片。通过烧录 FPGA 的配置文件定义门电路及存储器间的连线,实现特定的功能,是用于解决专用集成电路的一种方案。FPGA 可以实现数据并行处理,也可以进行多内核形态的设计,最大的优势在于其可编程的特性。FPGA 成品出厂后,用户无须改变硬件,通过升级软件进行芯片配置来实现自定义硬件功能。FPGA 芯片如图 6.17 所示。

图 6.17　FPGA 芯片

FPGA 作为一种高性能、低功耗的可编程芯片,可以根据客户定制来做有针对性的算法设计,非常适合进行深度学习算法的计算。另外,FPGA 功能的实现不是使用指令和软件,而是软硬件一起完成的。对 FPGA 进行编程要使用硬件描述语言,其逻辑可以直接被编译为晶体管电路的组合实现用户的算法,并不需要通过指令系统的翻译。在 FPGA 芯片中,充满"逻辑单元阵列",通过可配置逻辑模块、输入输出模块和内部连线这三部分进行组合,实现逻辑功能和独立基本逻辑单元。FPGA 芯片结构如图 6.18 所示。

（二）FPGA 特点

FPGA 特点如下。

（1）采用 FPGA 设计 ASIC 电路,用户不需要投片生产,就能得到合用的芯片。

（2）可以用于其他全定制或半定制 ASIC 电路的中试样片。

（3）内部有足够的触发器以及 I/O 引脚。

（4）设计周期最短、开发费用低、风险小和可配置性。

(5)采用高速 CHMOS 技术工艺,功耗低,可以与 CMOS、TTL 电平兼容。

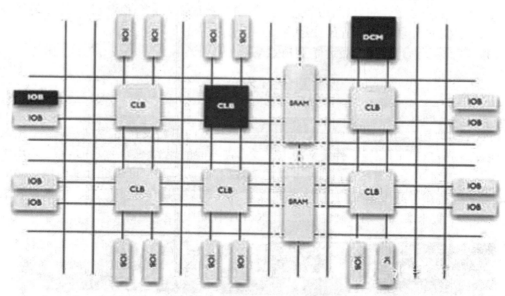

图 6.18　FPGA 芯片结构

(三)与 GPU 进行对比

FPGA 和 GPU 都有大量的计算单元,计算能力都很强。在处理海量数据的时候,FPGA 的计算效率更高。与指令、架构固定的 GPU 相比,FPGA 的可编程性能够灵活地针对特有的算法修改电路。

目前,是否能够在深度学习领域占据主导位置,取决于性能水平的高低。下面通过几个方面进行 FPGA 和 GPU 的对比。

1. 灵活性:FPGA>GPU

FPGA 可以根据应用的需要随时进行硬件编程更改功能,而 GPU 一旦设计完成就不能改动了。

2. 计算速度:FPGA>GPU

GPU 属于冯·诺依曼结构,需要有指令存储器、译码器、各种指令的运算器、分支跳转处理逻辑等。FPGA 每个逻辑单元的功能在编程时就已经确定,不需要执行指令。

3. 生命周期:FPGA>GPU

GPU 版本更新换代快,兼容性差。FPGA 取决于深度学习算法的更新速度。

4. 价格:FPGA>GPU

GPU 生产工艺简单,材料价格低。FPGA 相对于 GPU 生产周期长、生产工艺复杂。

5. 吞吐量:FPGA>GPU

FPGA 可以直接接上高速的网线,以线速处理任意大小的数据包。GPU 也可以高性能地处理数据包,但 GPU 没有网口,需要网卡,这样吞吐量受到网卡的限制。

6. 峰值性能:FPGA<GPU

GPU 进行运算时,将会有成千上万个核心同时运行,处理速度是非常快的,目前 GPU 峰值性能甚至可以达到 10 TFlops 以上。FPGA 在设计上受到很大的限制,一旦型号选定了,逻辑资源上限就确定了。而且,FPGA 里面的逻辑单元是基于 SRAM 查找表,其性能会比 GPU 里面的标准逻辑单元差很多。

7. 能耗比:FPGA>GPU

进行数据计算时,数据的搬移和运算效率越高,能耗比就越高。GPU 需要进行取指令、指令译码、指令执行的过程,屏蔽了底层 IO 的处理,数据的搬移和运算无法达到更高效率。相比于 GPU,FPGA 更接近底层 IO,计算效率和数据搬移效率都比较高。

(四)FPGA 局限性

目前的 FPGA 市场由 Xilinx 和 Altera 主导,两者共同占有 85% 的市场份额。其中 Altera 被 Intel 以 167 亿美元收购,而 Xilinx 则选择与 IBM 进行深度合作,体现了 FPGA 在人工智能时代的重要地位。FPGA 被业内人士看好,但还是存在着很多局限性。

(1)基本单元的计算能力有限。FPGA 芯片在设计时,为实现可重构特性,在内部加入了大量极细粒度的基本单元,但基本单元的计算能力(主要依靠 LUT 查找表)要低于 CPU 和 GPU 中的 ALU 模块。

(2)速度和功耗相对专用定制芯片(ASIC)仍然存在不小差距。

(3)FPGA 价格较为昂贵,在规模放量的情况下单块 FPGA 的成本要远高于专用定制芯片。

四、ASIC

(一)ASIC 简介

ASIC 是指应特定用户要求或特定电子系统的需要而设计、制造的集成电路,是一种专用芯片,与通用芯片存在一些差异,是为了某种特定的需求而专门定制的芯片。ASIC 芯片如图 6.19 所示。

图 6.19　ASIC 芯片

目前,ASIC 分为全定制和半定制。其中,全定制设计灵活性好、开发效率低、比半定制的 ASIC 芯片运行速度快,但需要人力、物力资源大。半定制由标准逻辑单元库中 SSI(门电路)、MSI(如:加法器、比较器等)、数据通路(如:ALU、存储器、总线等)、存储器、系统级模块（如：乘法器、微控制器等）和 IP 核布局而成，方便设计者完成系统设计。其中，与半定制相比，全定制芯片的优势如下。

（1）同样的工艺，同样的功能，第一次采用全定制设计性能提高 7.6 倍。

（2）普通设计，全定制和半定制的差别可能有 1~2 个数量级的差异。

（3）采用全定制的方法可以超越半定制 4 个工艺节点。（采用 28 nm 的全定制设计，可能比 5 nm 的半定制设计要好）。

ASIC 芯片包含一个矩阵式背板并连接所有接口模块（包括控制模块），每个模块的缓存只进行本模块上的输入输出队列的处理，可同时进行多个模块之间的通信，访问效率高，适合同时进行多点访问，容易提供非常高的带宽，并且性能扩展方便，不易受 CPU、总线以及内存技术的限制。ASIC 芯片电路板如图 6.20 所示。

图 6.20　ASIC 芯片电路板

（二）ASIC 特点

ASIC 特点如下。

（1）针对特定算法设计，设计完毕就无法进行更改，只能应用于固定的算法，一旦算法改变就可能无法使用。

（2）品种多、批量少，要求设计和生产周期短。

（3）与通用集成电路相比体积更小、重量更轻、功耗更低、可靠性提高、性能提高、保密性增强、成本降低。

（4）需要大量的研发投入,具有较大的市场风险。

（三）与 CPU、GPU 和 FPGA 进行对比

目前,通用型 CPU、GPU 芯片以及半通用的 FPGA 芯片都可以适应相对更多种的算法。ASIC 芯片是直接根据算法需要进行定制,只能适应相对应的算法,但是特定算法下, ASIC 芯片的计算能力和计算效率极高,且能效表现方面要好于通用型 CPU、GPU 芯片以及半通用的 FPGA。另外, FPGA 的可编程特性比 ASIC 芯片更加灵活,而且 FPGA 的生产成本也要比 ASIC 更高。而随着人工智能的不断进步,深度学习算法的发展也会成熟和稳定,未来 ASCI 的应用将不再局限于对应算法,会越来越广泛。ASIC 与 CPU、GPU 和 FPGA 进行对比,如表 6.4 所示。

表 6.4 ASIC 与 CPU、GPU 和 FPGA 对比

芯片	架构区别	工艺	最高性能器件	单精度浮点峰值运算能力	功耗	能耗比
CPU	70% 的晶体管用来构建 Cache,还有一部分控制单元,计算单元少,适合运算复杂逻辑	22 nm	E5-2699 V3	1.33 TFLOPS	145 W	9 GFLOP/W
GPU	晶体管大部分用来构建计算单元,运算复杂度低,适合大规模并行计算	28 nm	Tesia K80	8.74 TFLOPS	300 W	29 GFLOP/W
FPGA	可编程逻辑,计算效率高,更接近底层 IO,通过冗余晶体管和连线实现逻辑可编程	28 nm	Virtex7-690T	1.8 TFLOPS	30 W	60 GFLOP/W
ASIC	晶体管根据算法定制,不会有冗余,功耗低,计算性能高,计算效率高	65 nm	DianNao	452 GOPS	485 mW	932 GFLOP/W

GPU、FPGA 和 ASIC 在技术层面各有千秋,但从实际应用来看,GPU 拥有最完善的生态系统支撑,具有较大的先发优势。而在云端的服务器和数据中心,目前更多的还是依赖于 CPU、GPU 以及可重复编程和可重新配置的 FPGA 来进行人工智能运算和推理,其中 FPGA 在数据中心的使用日益广泛。易用性和晶体管效率方面的比较如图 6.21 所示。

（四）ASIC 局限性

ASIC 芯片的出现给人工智能算法提供了极大的方便,但由于是技术发展初期,也存在着诸多不足,具体如下。

（1）人工智能新算法层出不穷、尚未固定。

（2）目前一个算法对应一个应用,没有一个算法能够覆盖所有应用。

（3）ASIC 投片价格高,单位成本低,速度高,从设计到使用需要很长时间。

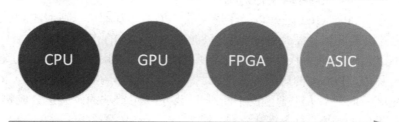

图 6.21　易用性和晶体管效率方面的比较

知识回顾

人工智能芯片性能分析			
CPU	GPU	FPGA	ASIC
被称为通用处理器，可以满足基本的计算要求	是图形处理器，又称显示核心、视觉处理器、显示芯片，适用于计算强度高、多并行的计算	是一种集成大量基本门电路及存储器的可编程半定制芯片，通过烧录FPGA的配置文件定义门电路及存储器间的连线，实现特定的功能	是指应特定用户要求或特定电子系统的需要而设计、制造的集成电路，是一种专用芯片，是为了某种特定的需求而专门定制的芯片

任务三 人工智能芯片产业生态分析

问题导入

学习目标

通过对人工智能芯片产业生态的分析,了解人工智能芯片在产业链中的地位,熟悉人工智能芯片的市场需求,掌握人工智能芯片生态体系,具有人工智能产品基本硬件设施的分析能力。在任务实现过程中:

- 了解人工智能芯片在产业链中的地位。
- 熟悉人工智能芯片的市场需求。
- 掌握人工智能芯片生态体系。
- 具有人工智能产品基本硬件设施的分析能力。

学习概要

01 训练层芯片生态

人工智能芯片产业生态分析

02 云端推断层芯片生态

03 设备推断层芯片生态

学习内容

　　基础层、技术层和应用层构成了现在的人工智能产业链。其中,基础层为人工智能技术的实现和人工智能应用的落地提供保障,是人工智能发展的基础。技术层以模拟人的智能相关特征为出发点,构建技术路径,主要关注计算机视觉、人机交互和深度学习领域。应用层是集成一类或多类人工智能基础应用技术,面向特定应用场景需求而形成的软硬件产品或解决方案。而在产业链中,芯片是核心基础,是人工智能的"大脑",是一切人工智能应用得以实现的前提。人工智能产业链如图 6.22 所示。

　　在深度学习中,需要使用人工智能芯片进行运算,而一项深度学习工程的搭建,可分为训练(Training)和推断(Inference)两个环节。

　　(1) 训练环节:输入大量数据,采用非监督学习方法,训练出一个复杂的深度神经网络模型。在训练过程中,深度神经网络结构复杂且数据量大,计算规模也相应地变得庞大,GPU 集群需要进行几天甚至数周的训练才可以完成,目前 GPU 在训练环节难以替代。

　　(2) 推断环节:利用训练环节训练完成的模型,使用新的数据去进行预测,推断出各种结论。与训练环节相比计算量少,但仍然涉及大量的矩阵运算。在推断环节,不仅 CPU、GPU 可以进行运算,FPGA、ASIC 也能发挥重大作用。

　　在深度学习的训练和推断环节,常用芯片及特征如图 6.23 所示。

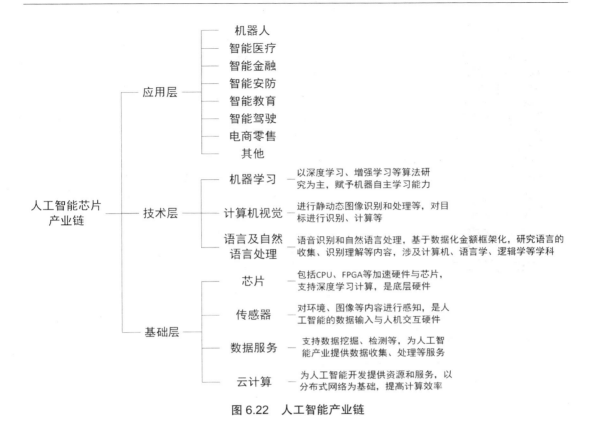

图 6.22　人工智能产业链

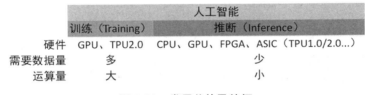

人工智能	
训练（Training）	推断（Inference）

	训练（Training）	推断（Inference）
硬件	GPU、TPU2.0	CPU、GPU、FPGA、ASIC（TPU1.0/2.0…）
需要数据量	多	少
运算量	大	小

图 6.23　常用芯片及特征

从市场角度而言，目前 AI 芯片的市场需求主要分为三类，具体如下。

（1）面向于各大人工智能企业及实验室研发阶段的训练需求（主要是云端，设备端训练需求尚不明确）。

（2）Face++、出门问问、Siri 等主流人工智能应用均通过云端提供服务。

（3）面向智能手机、智能摄像头、自动驾驶、VR 等设备的市场，需要高度定制化、低功耗的 AI 芯片产品。

围绕深度学习环节及市场需求，可勾画出一个人工智能芯片的生态体系。整个生态体系分为训练层、云端推断层和设备端推断层。生态体系如图 6.24 所示。

图 6.24 生态体系

(一)训练层芯片生态

GPU 是目前深度学习训练阶段的主要工具。NVIDIA 在人工智能的通用计算 GPU 市场中一家独大。从 2010 年进行人工智能产品布局,在 2014 年发布了 Pascal GPU 芯片框架,是首个为深度学习而设计的 GPU,并适用于所有主流的深度学习计算框架,随后推出了基于 Pascal 架构的 Tesla P100 芯片以及相应的超级计算机 DGX-1,专门针对于神经网络训练过程,能够快速构建深度神经网络,浮点运算能力强,可以加快 75 倍深度学习训练速度,并使 CPU 性能提升了 56 倍。超级计算机 DGX-1 如图 6.25 所示。

图 6.25 超级计算机 DGX-1

GPU 销售是 NVIDIA 的营收主力,季度占比超过 50%,年收益达到 70 亿美元。看着 NVIDIA 在深度学习训练市场赚得盆满钵满,众多 IT 巨头争相加入进来。目前能与 NVID-IA 竞争的就是 Google,发布了名为 TPU 的芯片,是一款能够加速深度学习速度的 ASIC 芯片。第一代仅用于推理,而第二代 TPU 2.0 既能支持训练环节的深度神经网络训练,又可以进行推理。随后,Google 使用新的方法将 64 个 TPU 组合到一起,生成一个新的芯片——TPU Pods。TPU 芯片并没有被 Google 公司出售,但人工智能开发者可以通过 TensorFlow 深度学习框架来使用 TPU 云加速服务。TPU 芯片如图 6.26 所示。

图 6.26 TPU 芯片

对于 TPU 的研发，Google 将面临着巨大的研发投入和市场风险，当然风险背后的市场价值也是巨大的。一旦 Google 能提供相比于 GPU 价格更低的加速服务，将会给 NVIDIA 带来严重威胁，但如果降低单个 TPU 成本来获取市场份额，Google 将难以赢利。

除 Google 外，传统厂家 AMD 也在努力进入训练市场。AMD 发布了基于 VEGA 架构的 GPU 芯片，期望在 GPU 市场分一杯羹，但从目前市场进展来看，很难对 NVIDIA 构成威胁。对于初创公司来说，尽管开发的芯片也是相当不错的，但想进入训练市场并获得一定的地位，这无疑是艰难的。基于 VEGA 架构的 GPU 芯片如图 6.27 所示。

图 6.27 基于 VEGA 架构的 GPU 芯片

总之，对于训练环节来说，竞争的核心不是单一的芯片，而是整个人工智能生态的搭建。

人工智能市场在不断地发展,巨头的竞争也才刚刚开始。

(二)云端推断层芯片生态

与训练市场 NVIDIA 一家独大相比,推断环节的市场竞争就比较分散了,但由于推断环节在深度学习中所占比重较大,因此推断市场将会有更加剧烈的竞争。在云端推理环节,GPU 虽然在应用,但已经不是最优选择,取而代之的是使用异构计算方案(CPU/GPU+FPGA/ASIC)来支撑推断环节在云端完成推理任务。

在手机上安装一个基于深度神经网络的机器翻译应用后,进行翻译推断时,手机本地计算时间达到数分钟甚至耗尽手机电量仍然未完成计算,在这个时候,云端推断就很必要了。

目前各个云计算巨头公司争相进入"云计算 +FPGA 芯片"领域,究其原因,有以下几点。

(1)FPGA 是可编程芯片,适合部署在云计算平台之中。

(2)FPGA 具有灵活性,云服务商可根据市场需求重新编写功能来调整 FPGA 加速服务。

(3)FPGA 体系结构特点,适合处理低延迟的流式计算密集型的任务,相比 GPU,有更低的计算延迟,可以进行面向海量用户高并发的云端推断,能提供更佳的消费者体验。

在云端推断的芯片生态中,英特尔是一股重要力量。在 CPU 产品失败的情况下,它将积累的大量现金以并购的手段迅速补充了人工智能时代的核心资源能力。它收购了 Altera 公司,并整合了 FPGA 技术,推出了主攻深度学习云端推断市场的 CPU+FPGA 异构计算产品。Intel 芯片如图 6.28 所示。

图 6.28　Intel 芯片

除去对 Altera 的收购外,英特尔收购之路还在继续,其中,收购 Nervana 可以为深度学习优化硬件和软件堆栈,补全深度学习领域的软件服务能力,英特尔还收购了服务商 Mobileye 和芯片厂商 Movidius,为后续进军设备端市场打下基础。

目前云端推断芯片领域可谓风起潮涌,一方面英特尔希望通过 CPU+FPGA 的方案,站在云端推断领域的最高点;另一方面,人工智能应用大多数处于试验阶段,云端推断市场的需求并未进入高速爆发期,各云计算服务商纷纷布局自己的云端 FPGA 应用生态,期望在混战爆发后占据优势,站稳脚跟,在云端推断芯片领域占有一席之地。

(三)设备推断层芯片生态

随着人工智能应用的大量涌现,将会有越来越多不能单纯依赖云端推断的设备出现。比如自动驾驶汽车的推断,就不能交给云端推断完成,否则出现网络延时将会导致严重后果。因此就需要终端设备本身具备足够的推断计算能力,来完成本地深度神经网络推断。

设备端推断的应用场景多种多样,设备的需求也各有不同,需要更为定制化、低功耗、低成本的嵌入式解决方案,为各个创业公司带来更多机会,市场竞争生态也更加多样化。

目前,需要具备推断能力的设备有很多,包括智能手机、ADAS、VR 设备、语音交互设备和机器人等。

1. 智能手机

智能手机中嵌入深度神经网络加速芯片,将成为一个新趋势,但只有出现一个基于深度学习的杀手级 APP 后才能体现出性能。华为在麒麟 970 中就搭载寒武纪神经网络处理器 NPU,带来较强的深度学习本地端推断能力,让各类基于深度神经网络的摄影、图像处理应用为用户提供更加流畅的体验。麒麟 970 芯片介绍如图 6.29 所示。

图 6.29　麒麟 970 芯片介绍

除了上述华为的麒麟 970 芯片,还有苹果的 A11 仿生芯片、高通的骁龙神经处理引擎以及 ARM 针对深度学习优化的 DynamIQ 技术等。总的来说,未来智能手机的人工智能芯片生态仍会掌握在各大手机芯片商手中。A11 仿生芯片如图 6.30 所示。

2.ADAS(高级辅助驾驶系统)

ADAS 是人工智能应用最广泛的设备之一,需要处理由激光雷达、毫米波雷达、摄像头等传感器采集的海量实时数据。英特尔收购的 Mobileye、高通收购的 NXP 以及汽车电子的领军企业英飞凌等都可以提供 ADAS 芯片和算法。随着 NVIDIA 发布自动驾驶开发平台 Drive PX2,NVIDIA 也加入到 ADAS 芯片市场。Drive PX2 平台如图 6.31 所示。

图 6.30　A11 仿生芯片

图 6.31　Drive PX2 平台

3.VR 设备

目前,微软研发的 HPU 芯片在 VR 设备芯片中处于领导地位,由台积电代工生产,能同时处理来自 5 个摄像头、一个深度传感器以及运动传感器的数据,具备计算机视觉的矩阵运算和深度神经网络运算的加速功能。基于 HPU 芯片的 VR 设备 Hololens,如图 6.32 所示。

图 6.32　基于 HPU 芯片的 VR 设备 Hololens

4. 语音交互设备

在国内,启英泰伦和云知声两家公司在语音交互设备芯片领域有着深入的研究,它们提供了为语音识别而优化的深度神经网络加速方案的芯片方案,可以实现设备的语音离线识别。语音交互应用如图 6.33 所示。

图 6.33　语音交互应用

5. 机器人

机器人包含两种类别：家居机器人和商用服务机器人。它们都是通过"专用软件＋芯片"实现的，这方面的代表公司有余凯创办的地平线机器人，除了提供机器人外，还提供ADAS、智能家居等其他嵌入式人工智能解决方案。

人工智能的应用还未成熟，各个人工智能服务商也由人工智能软件研发逐渐发展成"软件＋芯片"的研发，丰富了现有的芯片产品方案，而 NVIDIA、英特尔等公司也逐渐进入设备端推断领域，意图形成完整的人工智能体系，将各个层次的资源联系在一起。

知识回顾

人工智能芯片产业生态分析

训练层芯片生态

GPU是目前深度学习训练阶段的主要工具，NVIDIA在人工智能的通用计算GPU市场中一家独大

云推断层芯片生态

在云端推理环节，GPU虽然在应用，但已经不是最优选择，取而代之的是使用异构计算方案（CPU/GPU＋FPGA/ASIC）来支撑推断环节在云端完成推理任务

设备推断层芯片生态

设备端推断的应用场景多种多样，设备的需求也各有不同，需要更为定制化、低功耗、低成本的嵌入式解决方案。需要具备推断能力的设备包括智能手机、ADAS、VR设备、语音交互设备和机器人等

学习情境七 机器人

任务一 机器人概述

问题导入

学习目标

通过对机器人概述的学习,了解机器人的基本概念,熟悉机器人的发展及基本构成,掌握机器人的分类,具有进行工业机器人市场分析的能力。在任务实现过程中:

● 了解机器人的基本概念。

● 熟悉机器人的发展及基本构成。

● 掌握机器人的分类。

● 具有进行工业机器人市场分析的能力。

学习概要

学习内容

一、什么是机器人

机器人是一种用于自动执行工作的机器装置,这种装置可以听从人的指令或按编排好的程序进行运行和浏览。除此之外,机器人还可以根据人工智能的相关技术原则和纲领进行操作和完成任务。机器人的主要作用是协助人类进行一些复杂的工作和取代人类完成一些简单的任务,机器人一般应用在生产业、建筑业、客服业等领域,或一些高危险的工作行业。

百度百科对机器人有这样的描述:"机器人是高级整合控制论、机械电子、计算机、材料和仿生学的产物。在工业、医学、农业、建筑业甚至军事等领域中均有重要用途。"

机器人的英文名称为 Robot,其含义为"奴隶",可以理解为人类的仆人,正好和机器人所做的工作相吻合。通过自身的动力实现所需功能,其具体的操作和任务是通过人类或电脑的编程进行控制的。

机器人是人工智能(AI)的主要表现之一,它能够进行人类的谈话、学习、社交和推理等。日常手机上用的语音助理技术也和机器人密不可分。

机器人的诞生和发展,是 20 世纪人类科学技术进步的重大成果,是自动控制领域的一大突破。随着功能的不断完善,样式的不断更新,机器人逐步走向更高端、更智能。

二、机器人的发展

（一）早期机器人

机器人的起源要追溯到 3 000 多年前。"机器人"是存在于多种语言和文字的新造词，代表人类长久以来生存的愿望，希望有一种机器可以代替人来进行各种工作。机器人作为专业术语出现在大众面前是在 40 多年前。

历史上记载：春秋后期，鲁班善于木工，他利用竹子和木料做出一个能在天空中飞行三日的木鸟。这也可以称为世界上第一个机器人。如图 7.1 所示。

图 7.1　木鸟

东汉时期，张衡发明了可以在车上装有木人、鼓和钟的工具——记里鼓车。它每走一里，木人击鼓一次；每走十里，就击钟一次，故名"记里鼓车"。如图 7.2 所示。

三国时期，诸葛亮也是一名发明家，他研究制造出能够运送军用物资的"木牛流马"，这也是最早的陆地机器人。木牛流马如图 7.3 所示。

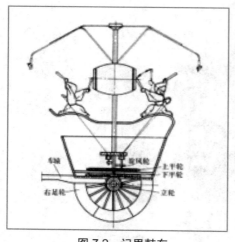

图 7.2　记里鼓车

图 7.3　木牛流马

　　公元前 2 世纪，希腊人发明了用手、空气和蒸汽作为动力的机器人，它可以唱歌，还可以做一些简单的工作。

　　1662 年，日本人竹田近江发明了能够端茶送水、自行表演的自动机器人玩偶。

　　1738 年，法国天才技师杰克·戴·瓦克逊发明了一只会游泳、喝水、吃东西和排泄的机器鸭，如图 7.4 所示。

　　1770 年，美国科学家发明了一种在整点报时的报时鸟，并且翅膀、头等部位都会随之摆动，同时发声，如图 7.5 所示。

图 7.4　机器鸭

图 7.5　报时鸟

　　1893 年，加拿大摩尔根据水蒸气的原理，制造了以水蒸气为动力行走的机器人"安德罗丁"，如图 7.6 所示。

图 7.6　机器人"安德罗丁"

（二）近代机器人发展

在 20 世纪初期,开始提出"机器人"这个名词,机器人的出现给人类带来了躁动和不安,人类不知道机器人能够带来好处还是坏处。机器人发展如图 7.7 所示。

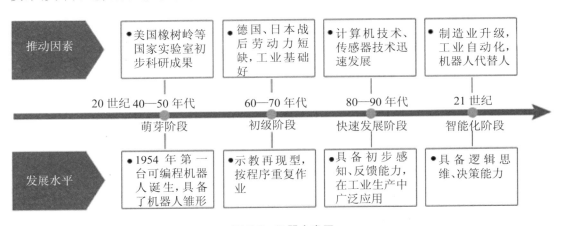

图 7.7　机器人发展

人类社会对即将问世的机器人感到不安,提出了"机器人三定律",具体内容如下。

（1）机器人不得伤害人类,或看到人类受到伤害而袖手旁观。

（2）机器人必须服从人类的命令,除非这条命令与第一条相矛盾。

（3）机器人必须保护自己,除非这种保护与以上两条相矛盾。

通过上面"机器人三定律"的约束,机器人概念逐渐被人类社会所接受,并为后续研究提供了指导性方针。机器人在 20 世纪的发展如表 7.1 所示。

表 7.1 机器人在 20 世纪的发展

年份	描述
1939 年	西屋电气公司制造了家用机器人 Elektro,主要功能是行走、说话和抽烟
1942 年	美国科幻巨匠阿西莫夫提出"机器人三定律"
1948 年	《控制论——或关于在动物和机器中控制和通信的科学》书中阐述了机器中的通信和控制机能与人的神经、感觉机能的共同规律,提出以计算机为核心的自动化工厂
1954 年	达特茅斯会议上,马文·明斯基提出:智能机器"能够创建周围环境的抽象模型,如果遇到问题,能够从抽象模型中寻找解决方法"
1956 年	美国人乔治·德沃尔制造出世界上第一台可编程的机器人,并注册了专利
1959 年	德沃尔与美国发明家约瑟夫·英格伯格联手制造出第一台工业机器人
1962 年	美国 AMF 公司生产出"VERSTRAN",并出口到世界各国,掀起了全世界对机器人和机器人研究的热潮
1962—1963 年	传感器的应用提高了机器人的可操作性,1964 年,帮助 MIT 推出了世界上第一个带有视觉传感器、能识别并定位积木的机器人系统
1965 年	约翰·霍普金斯大学应用物理实验室研制出 Beast 机器人
1968 年	美国斯坦福研究所公布他们研发成功的机器人 Shakey,它带有视觉传感器,能根据人的指令发现并抓取积木
1969 年	日本早稻田大学加藤一郎实验室研发出第一台以双脚走路的机器人
1973 年	世界上第一次机器人和小型计算机携手合作,就诞生了美国 Cincinnati Mila-cron 公司的机器人 T3
1978 年	美国 Unimation 公司推出通用工业机器人 PUMA
1984 年	英格伯格研发出能在医院里为病人送饭、送药、送邮件的机器人
1998 年	丹麦乐高公司推出机器人(Mind-storms)套件,让机器人制造变得跟搭积木一样
1999 年	日本索尼公司推出犬型机器人爱宝(AIBO)
2002 年	美国 iRobot 公司推出了吸尘器机器人 Roomba,它能避开障碍,自动设计行进路线,还能在电量不足时,自动驶向充电座
2006 年 6 月	微软公司推出 Microsoft Robotics Studio

三、机器人的基本构成

根据应用或服务对象不同,机器人分为工业机器人(如图 7.8)和服务型机器人(如图 7.9),不管哪种机器人,主要由控制系统、机械本体、传感器和驱动器四部分组成。

机器人的系统结构如图 7.10 所示。通过图 7.10 可知,传感器提供机器人本体或其对应环境的相关信息,系统根据控制的程序指令发出信号。

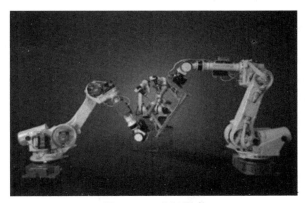

图 7.8　工业机器人

图 7.9　服务型机器人

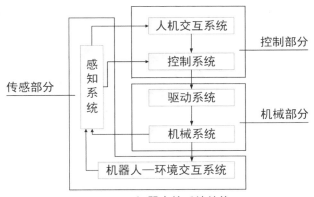

图 7.10　机器人的系统结构

（一）控制系统

　　机器人的指挥中枢是控制系统,和人类大脑类似,主要负责内外环境、相关指令的处理并做出对应的决策,产生对应的控制信号。机器人会根据驱动器执行的顺序,按照确定的位置和轨迹完成特定的任务。控制系统按照控制方式的不同可以分为有程序控制系统、适应性控制系统和智能控制系统。按照系统的构成可以分为两类,分别为开环控制系统和闭环控制系统。

（二）机械本体

机器人完成工作任务的执行机构主要部分是机械本体（机械手、操作器、操作手等）。机械本体主要用来控制和确定环境中执行控制系统指定的操作。典型的工业机器人一般都是由五部分构成，分别为手部、腕部、臂部、腰部和基座，其中手部也称末端执行装置，可以根据操作完成吸盘、扳手等一系列作业。如图 7.11 所示为一款常用的工业机器人，通过图 7.11 可以看出它包含机械本体中的五部分。

图 7.11　常用的工业机器人

（三）传感器

机器人主要是通过传感器对物体进行检测的，可以说传感器是机器人的感测系统，是机器人系统中不可或缺的一部分。通常包含外部传感器和内部传感器两部分，其中外部传感器用来获取机器人的工作环境或工作状况等信息，主要安装在末端执行器上；内部传感器主要用来检测机器人的身体状态，提供自身状态信息，比如速度传感器和位置传感器。常用的传感器如图 7.12 所示。

图 7.12　传感器

传感器在机器人中的应用至关重要。传感器的分类及应用如表 7.2 所示。

表7.2　传感器的分类及应用

传感器	检测对象	传感器装置	应用
视觉	空间形状 距离 物体位置 表面形态 物体的颜色	面阵 CCD、SSPD 激光、超声测速 PSD、线阵 CCD 面阵 CCD 光电管、光敏电阻 色敏传感器	物体识别、判断 移动控制 位置决定、控制 检查、异常检测 判断对象有无 物料识别、颜色选择
味觉	味道	离子敏传感器、pH 计	化学成分分析
听觉	声音 超声	麦克风 超声波换能器	语音识别、人机对话 移动控制
嗅觉	气体成分 气体浓度	气体传感器、射线传感器	化学成分分析
触觉	接触 握力 负荷 压力大小 压力分布 力矩 滑动	微型开关、光电传感器 应变片、半导体压力元件 应变片、负载单元 导电橡胶、感压高分子元件 应变片、半导体感压元件 压阻元件 光电编码器、光纤	控制速度、位置、姿态确定 控制握力、识别握持物体 张力控制、指压控制 姿态、形状判别 装配力控制 控制手腕、伺服控制双向力 修正握力、测量质量或表面特征

(四)驱动器

驱动器可以说是机器人的动力系统,由驱动装置和传动机构组成。其中驱动装置有三种类型:电动、气动和液动驱动装备,而传动机构分为齿轮传动、链传动、谐波齿轮传动、螺旋传动、带传动五种类型,驱动器如图 7.13 所示。

图 7.13　驱动器

四、机器人的分类

机器人的快速发展,使公司节省了工作成本,提高了工作效率,缓解了人口老龄化带来的劳动力不足等问题。为了适应不同行业的需求,机器人的种类不断增加,机器人的用途也各式各样,根据不同的标准可将机器人进行不同种类的划分。

(一)国际通常分类

国际通常将机器人分为工业机器人和服务机器人两类,工业机器人被称为柔性制造系统、自动化工厂或计算机集成制造系统的自动化工具;服务机器人主要用于餐饮、医护应用、金融业、销售业等诸多行业。工业机器人和服务机器人包含的种类如图 7.14 所示。

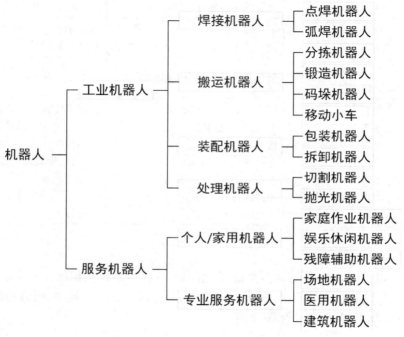

图 7.14 机器人种类

1. 工业机器人

工业机器人能够通过自身的动力和控制能力实现自动执行工作,其原理是通过人类的指挥或预先编排的程序进行操作。工业机器人的迅速发展得力于 1962 年美国研制的第一台工业机器人。传统装备向先进装备的转换,让机器人研发者在自动化生产线这个应用上看到了巨大的商机,同时机器人分布的密度较低也为市场的开拓提供了条件。工业机器人具有如下特点:①可编程;②拟人化;③通用性;④涉及内容广泛。

工业机器人经过不断发展,在越来越多的领域得到应用,从汽车制造业到其他制造业,再到建筑业、采矿业等各种非制造行业,工业机器人的水平在不断地提高,涉及范围不断地扩大,工业机器人主要应用领域如下:①自动装箱;②自动焊接;③输送线;④涂胶。

除此之外,工业机器人还可以进行多个层次的分类,比如按照机器人的技术等级进行分类,可分为示教再现机器人、感知机器人、智能机器人等。

1）示教再现机器人

示教再现机器人是一种可以通过人类或者示教器完成的轨迹、行为、顺序和重复性作业，主要由机器人本体、执行机构、控制系统和示教盒四部分组成。示教再现机器人如图7.15所示，其中左图为人类手把手示教，右图为示教再现机器人示教。

图 7.15　示教再现机器人

2）感知机器人

感知机器人也被称为第二代工业机器人，装有环境感知装置，能够根据环境、情景不同做出相应的改变。配备感觉系统的工业机器人如图7.16所示。

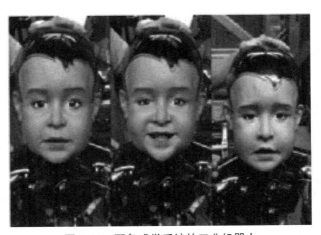

图 7.16　配备感觉系统的工业机器人

3）智能机器人

智能机器人为第三代工业机器人，具备能够根据发现的问题自主地判断并解决该问题的能力。智能机器人拥有视觉、听觉、触觉、嗅觉等传感器，除此之外还有效应器，能够自主控制手、脚、鼻子、触角等。

智能机器人拥有感觉、反应和思考等能力。它能够理解人类的语言并和人类进行对话，能够调整自己的动作来满足操作者的需求。智能小机器人如图7.17所示。

图 7.17　智能小机器人

2. 服务机器人

服务机器人服务于各种各样的领域,分为专业领域服务机器人和家庭个人领域服务机器人,主要从事清洁、保安、救援、监护、运输、保养、修理等工作。服务机器人可以说是一种根据人类指令进行的全自动或半自动的机器人,它的出现减轻了服务人员的重担,帮助人类分担一些不能达到或比较耗时费力、安全系数较低的工作。市面上出现的服务机器人主要类型分为如下几种:①脑外科机器人;②护士助手;③口腔修复机器人;④智能轮椅;⑤爬缆索机器人;⑥户外清洗机器人。

(二)按应用环境分类

在我国,机器人按照应用环境分类可分为两类:工业机器人和特种机器人。其中工业机器人主要应用于工业领域,拥有多个关节机械手、手臂能够自由活动、自由度比较高等特点。特种机器人是在工业机器人的基础上进行升级和改造,并服务于人类的各种先进机器人,比如水下机器人、娱乐机器人、军用机器人、农业机器人等。特种机器人的如图 7.18 所示。

(三)其他情况分类

机器人会根据各种需求、样式进行分类,除上述国际通常分类和应用环境分类之外,还可以进行多种情况的分类。

1. 按机械结构分类

按机械结构分类可分为串联机器人和并联机器人,通常把能通过一个轴的运动改变另一个轴的坐标原点的机器人称为串联机器人,比如六关节机器人(如图 7.19);把不能改变坐标原点的机器人称为并联机器人,如蜘蛛机器人(如图 7.20)。

图 7.18　特种机器人

图 7.19　六关节机器人

图 7.20　蜘蛛机器人

2. 按操作机坐标分类

机器人根据操作机坐标不同可分为圆柱坐标型机器人、球坐标型机器人、多关节型机器人、平面关节坐标型机器人和直角坐标型机器人,各种坐标型机器人如图 7.21 所示。

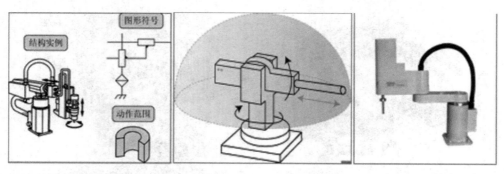

圆柱坐标型机器人　　　　　球坐标型机器人　　　　　多关节型机器人

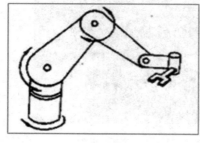

　平面关节坐标型机器人　　　　　　　直角坐标型机器人

图 7.21　各种坐标型机器人

五、工业机器人市场分析

1. 中国工业机器人市场分析

中国工业机器人研究在 20 世纪 70 年代就开始了,发展至今,工业机器人走向成熟的阶段。在这个过程中工业机器人分为理论研究、样机研发、示范应用和初步产业化四个阶段。

1)理论研究阶段

20 世纪 70—80 年代初称为理论研究阶段,在这个阶段中主要从事机器人的理论研究,为后续工业机器人的发展和研究奠定基础。

2)样机研发阶段

20 世纪 80 年代中期称为样机研发阶段,在这个阶段工业发达国家开始大量应用工业机器人,使工业机器人普及。除此之外,国家重视和支持工业机器人的研究,使工业机器人进入了样机研发阶段。

3)示范应用阶段

20 世纪 90 年代称为示范应用阶段,在这个阶段研发出多种类型的机器人,比如平面关节型机器人、点焊机器人、直角坐标机器人等。在 90 年代末,我国建立了 9 个机器人产业化基地和 7 个科研基地。

4)初步产业化阶段

21 世纪后,进入初步产业化阶段。在这个阶段国家推出相对应的技术方针和发展规划纲要,促进企业成为创新的主体,产学研紧密结合。在此阶段,工业机器人进入研制和生产行列。

经过四个阶段 50 年左右的发展,工业机器人在一定程度上得以普及。相关数据显示,在 2010—2017 年工业机器人保有量以直线速度增长,如图 7.22 所示。

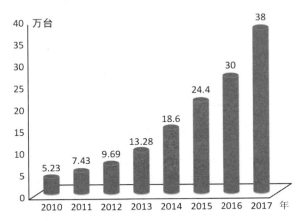

图 7.22 2010—2017 年中国工业机器人保有量变化情况

除此之外,我国工业机器人使用密度和其他国家相比还有一定的差距,工业机器人的使用还有上升的空间。世界各国制造业工业机器人密度如图 7.23 所示,可以看出中国机器人制造业密度是这几个国家中最低的,韩国是制造业工业机器人密度最高的国家。

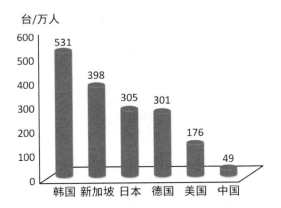

图 7.23 世界各国制造业工业机器人密度比较

2. 工业机器人行业未来趋势

工业机器人在未来生产和社会的发展中起着越来越重要的作用。有数据显示,随着人力成本的上升、产业的转型、国家政策的扶持,中国工业机器人行业年销售在 2022 年可突破 27 万台。2017—2022 年中国工业机器人行业年销售量预测如图 7.24 所示。

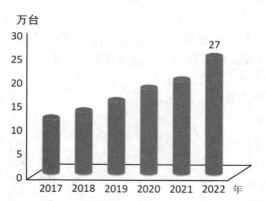

图 7.24　2017—2022 年中国工业机器人行业年销售量预测

在中国,工业机器人的主要用途如图 7.25 所示。通过图 7.25 可以看出工业机器人主要用途是电子电气业,其次是与汽车相关的行业,比如汽车整车和汽车零部件都占有很大的比例。

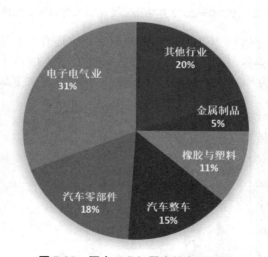

图 7.25　国内工业机器人的主要用途

目前,工业机器人制造是各大制造商都想介入的一个领域,他们希望跟上时代发展的步伐,率先抢占人工智能相关领域市场,可以预测国内外的工业机器人市场竞争会很激烈。如图 7.26 所示,展示的是外资品牌工业机器人厂商市场份额。

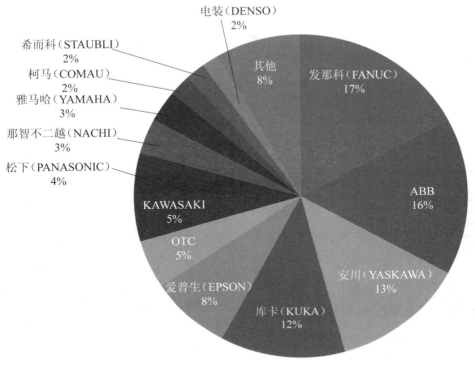

图 7.26 外资品牌工业机器人厂商市场份额

知识回顾

机器人概述

概念	发展	基本构成	分类	市场分析
机器人是一种用于自动执行工作的机器装置，这种装置可以听从人的指令或按编排好的程序进行运行和浏览	春秋后期东汉时期三国时期公元前2世纪1662年1738年1770年1893年20世纪初期	机器人根据应用或服务对象不同，分为工业机器人和服务型机器人，都由控制系统、机械本体、传感器和驱动器四部分组成	国际上机器人通常分为工业机器人和服务机器人。按照应用环境，机器人可分为工业机器人和特种机器人。此外，还可以进行机械结构、操作机坐标等分类	中国工业机器人研究在20世纪70年代就开始了，发展至今，工业机器人走向成熟的阶段

任务二　机器人案例分析及发展趋势

问题导入

学习目标

通过对机器人案例分析及发展趋势的学习,了解各公司研发的机器人,熟悉机器人的应用,掌握机器人未来的发展,具有分析机器人工作原理的能力。在任务实现过程中:

- 了解各公司研发的机器人。
- 熟悉机器人的应用。
- 掌握机器人未来的发展。
- 具有分析机器人工作原理的能力。

学习概要

学习内容

一、机器人案例分析

随着大数据和人工智能时代的到来,许多发达国家和发展中国家将目光定位在机器人制造业。机器人是新时代的产物,它的出现将在很大程度上替代传统人力,能够推进工业转型。

(一)谷歌 Atlas 升级版最强人形机器人

2015 年,由谷歌旗下的波士顿动力学公司研发出了身高 1.9 米、重 150 千克的机器人。该机器人是目前最先进的机器人之一,拥有液压驱动的四肢、28 个液压关节和两个视觉系统,除此之外还拥有激光测距仪和立体照相机。

Atlas 机器人可以靠自己的两只脚行走,搬运物品和举起上肢,同时可以应对各种复杂地形、突发情况,当有人撞倒它,它自己也会站起来。该机器人极度灵活,能在中压模式下完成大部分工作。Atlas 机器人如图 7.27 所示。

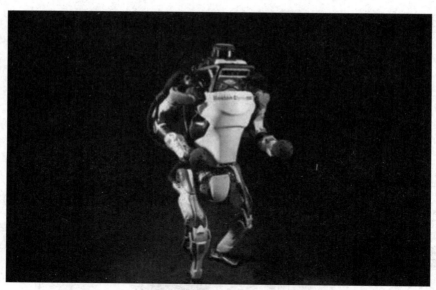

图 7.27 Atlas 机器人

（二）DRC–HuBo 机器人

DRC-HuBo 机器人是韩国科技先进研究院研发的一款能够直立行走的机器人。该机器人是 DARPA 机器人挑战赛的冠军。该机器人主要可以代替人类进行核清理的工作。此外,还可以代替人类完成驾车、使用标准电动工具在墙上切割孔洞,能够连接消防栓和打开旋转阀门。DRC-HuBo 机器人如图 7.28 所示。

图 7.28 DRC-HuBo 机器人

在 DARPA 机器人挑战赛中,DRC-HuBo 机器人能够赢得冠军主要基于其精准的关节调节,其个头和力气同 10 岁左右的小男孩差不多。别看他身材小,在比赛过程中非常聪明和灵活,能够在核电站这种危害较大的地方进行急救任务。DRC-HuBo 机器人在比赛过程中布局和步骤如图 7.29 所示。

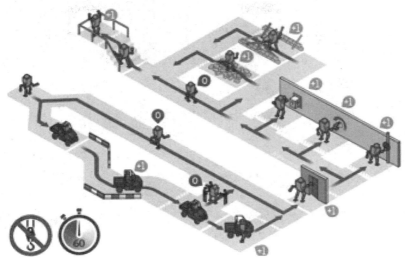

图 7.29　比赛布局和步骤

（三）足球宝贝 Nao

足球宝贝 Nao 机器人是法国人研发的一款人工智能机器人。该机器人能够与人进行亲密的互动,主要用于学术领域。它的出现可以给智能家具、儿童教育、家人陪护和自闭症治疗等领域带来便利。足球宝贝 Nao 如 7.30 所示。

图 7.30　足球宝贝

足球宝贝名字的由来是因其在 2008 年的出色表现,它取代了索尼爱宝机器狗。如图 7.31 所示,足球宝贝正在参加比赛。

图 7.31　足球宝贝参加比赛

（四）全地形机器人 HEXA

全地形机器人 HEXA 是中国自主研发的首款机器人。之所以称之为全地形机器人，主要是因为其特殊的外貌像个蜘蛛一样，拥有椭圆形凸起的头部和昆虫般的六脚，如图 7.32 所示。

图 7.32　全地形机器人 HEXA

全地形机器人可以轻易地在复杂的地形保持平衡的行走，可以攀爬 13 厘米的障碍，拥有 720 P 摄像头，带夜视功能，具有行动灵活、反应迅速等优势。

（五）家庭机器人 Kuri

Kuri 是家电集团研发制作的一款家庭版机器人，其外形和"大白"类似，身高为 50.8 厘米、腰围为 60.96 厘米，其外形非常可爱又有亲和力，深受用户喜爱。家庭机器人 Kuri 如图 7.33 所示。

图 7.33　家庭机器人 Kuri

　　Kuri 机器人能够像人类一样表达自己的情感,拥有超萌的"头部"和可以眨动的"眼皮",还拥有高分辨率的相机,对人有记忆功能。

二、机器人未来的发展

(一)人机"共融与交互"

　　人机"共融与交互"是机器人未来发展的趋势之一。人机"共融与交互"不是人和机器分开完成独立工作,而是通过人和机器共同完成工作。这种趋势发展可以节省生产效率,还可以提高机器的稳定性和安全性。

　　人机"共融与交互"的发展可以各取所长。机器人可以从事危险性能高、内容单调、流水线等一类的工作,这样可以节约成本。人可以监督或指导机器完成该工作。图 7.34 所示为"四大家族"的协作机器人。

（a）CR-7iA 人机协作型机器人

（b）ABB 协作机器人 YuMi

（c）安川协作机器人 MotoMINI

（d）库卡协作机器人 LBRiiwa

图 7.34　"四大家族"的协作机器人

其中：

● 图（a）为 CR-7iA 人机协作型机器人，它具有协同作业、安全系统高、人与机器人可共享空间共同作业、人与机器人可互相调节、智能化等特点。

● 图（b）为 ABB 协作机器人 YuMi，具有离线环境调试，嵌入智能摄像头，机身小巧、灵活等特点。

● 图（c）为安川协作机器人 MotoMINI，具有小型轻量、高速、高精度等特点。

● 图（d）为库卡协作机器人 LBRiiwa，具有灵敏和安全等特点。

协作机器人的引入对颠覆工业机器人行业具有历史性意义，不仅让中小型企业实现了自动化，还可以用于辅助重复性的小批量工作任务。协作机器人和工业机器人的差距如表7.3 所示。

表 7.3　协作机器人和工业机器人的差距

特点	协作机器人	工业机器人
操作方面	操作简单方便	需要专业技术指导操作
成本方面	售价低，价值为 2 万 ~3 万美元	均价在 5 万美元左右
安全方面	安全性高	需要专业的设备进行安全辅助
应用方面	主要应用于医疗、农业、服务业等	主要用于制造业

人机协作在传感器技术和软件整合方面还存在部分问题，国内机器人行业相关的企业和先导者在不断地克服困难，迎难而上。"人机协作"相关上市公司如表 7.4 所示。

表 7.4　"人机协作"相关上市公司

公司名称	工业机器人研究领域
机器人	研发核心零部件，研发水平处于领先地位
博实股份	主导产品"全自动包装机器人码垛生产线"，被列为"国家火炬计划项目"；自主研发的新产品高温作业机器人进入样机试制阶段；机器人装箱系统成功出口国外市场
佳士科技	国内焊接行业中仅有的两家上市企业之一，拥有雄厚的资本基础，又与非常优秀的合作伙伴深圳固高、日本川崎等在机器人技术上强强联合，支持机器人技术及业务后续的提升和发展
新时达	基于自身在运动控制和驱动领域的研究成果，确定"运动控制 + 工业机器人"的业务发展方向

（二）仿生机器人

仿生机器人是一种能够模仿生物，从事模仿生物工作特征的机器人。仿生机器人可以对家庭做出极大的贡献，比如提供养老服务、家庭服务等。仿生机器人发展阶段如图 7.35 所示。通过图 7.35 可以看出仿生机器人开始向第四阶段迈进。

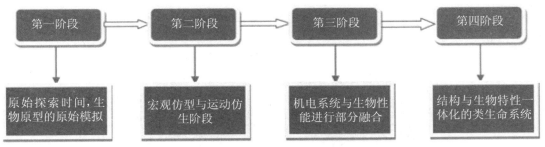

图 7.35 仿生机器人发展阶段

仿生机器人可以分为两种：人体肢体机器人和仿非人生物机器人。人体肢体机器人主要是研究关节自由度和灵活度的集合。仿非人生物机器人主要是研究多足步行机器人。仿生机器人如图 7.36 所示。

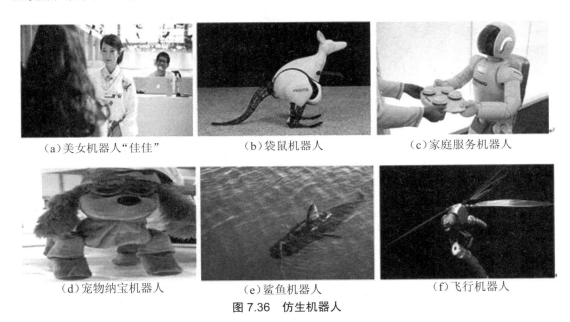

（a）美女机器人"佳佳"　　　（b）袋鼠机器人　　　（c）家庭服务机器人

（d）宠物纳宝机器人　　　（e）鲨鱼机器人　　　（f）飞行机器人

图 7.36 仿生机器人

仿生机器人的研究取得了很大的成果，开辟了机器人领域独特的技术和方法，但整体来讲，仿生机器人还存在很多不足，具体如下。

1. 建模问题

仿生机器人是一个复杂的系统。运动学和动力需要有高度的灵活度和适应性。目前所建立的模型远远不能模拟生物的控制过程。

2. 控制优化问题

仿生机器人模仿的生物越精巧，自由度越多，结构越复杂，就越会增大、控制系统的复杂度。复杂的系统需要使用高效优化的控制算法才能具备实时处理的能力。

3. 信息融合问题

在仿生机器人设计中，传感器技术是实现智能化的关键技术。信息融合将分布在不同位置的多种传感器进行综合使用，从而提高系统的决策反应速度和正确性。

知识回顾

机器人案例分析及发展趋势

机器人案例分析

谷歌Atlas升级版最强人
形机器人
DRC-HuBo机器人
足球宝贝Nao
全地形机器人HEXA
家庭机器人Kuri

机器人未来的发展

人机"共融与交互"是机
器人未来发展的趋势之一，
是指通过人和机器共同完
成工作。
仿生机器人是一种能够模
仿生物，从事模仿生物工
作特征的机器人。仿生机
器人可以对家庭做出极大
的贡献

学习情境八　人工智能在各行业应用

任务一　人工智能 + 金融

问题导入

学习目标

通过对人工智能金融方面应用的学习,了解什么是"人工智能 + 金融",熟悉人工智能在金融方面的应用场景,掌握人工智能金融的应用案例,具有人工智能案例分析的能力。在任务实现过程中:

- 了解什么是"人工智能 + 金融"。
- 熟悉人工智能在金融方面的应用场景。

- 掌握人工智能金融的应用案例。
- 具有人工智能案例分析的能力。

学习概要

01

"人工智能＋金融"简介

人工智能＋金融

03

"人工智能＋金融"应用案例

蚂蚁金服深度涉及人工智能
平安集团涉及人工智能
交通银行涉及人工智能

02

"人工智能＋金融"应用场景

学习内容

一、"人工智能＋金融"简介

　　人工智能简称"AI","人工智能＋"是人工智能在各行业之间核心特征的提取,"人工智能＋"的发展有利于人工智能和工业、商业和金融业的相互融合,推动经济的不断发展。

　　"人工智能＋金融"是人工智能和金融的全面结合,主要依托人工智能、大数据、区块链等高科技技术,提升了金融服务机构的服务效率,拓展了金融服务的深度和广度,实现了金融服务的智能化和统一化。

　　"人工智能＋金融"概念是2017年百度董事长李彦宏在与中国农业银行签署战略协议时提出的。"人工智能＋金融"在人工智能领域不断地成熟,不断获得金融行业的认同,对银行沟通客户、发现客户金融需求具有重要的作用。

二、"人工智能＋金融"应用场景

　　人工智能在金融领域的应用是多种多样的,为金融行业的产品、服务渠道、服务方式、风险管理等金融需求带来创新和改变。在金融领域,人工智能主要应用于智能投顾、风险控制、身份验证、智能客服等。若想实现"人工智能＋金融"行业的应用,需要掌握人工智能中的机器学习、自然语言处理、人脸识别等知识。"人工智能＋金融"的应用领域及场景如表8.1所示。

表 8.1　"人工智能 + 金融"的应用领域及场景

应用领域	所用人工智能技术	应用场景	未来发展预期	应用成熟度
征信、风投	自然语言处理机器学习知识图谱	知识图谱将提供更深度、更有效的借款人、企业间、行业间的信息维度关联,深度呈现企业、上下游合作商等信息	人工智能和大数据紧密联系	技术比较成熟数据集缺乏
智能投顾	自然语言处理机器学习知识图谱	利用机器学习技术和相关算法,根据历史经验和市场信息预测金融投资的风险	可以代替人工投资顾问	技术处于发展阶段
智能客服	自然语言处理知识图谱	使用语言处理技术实现客户意图的提起,使用知识图谱实现客服机器人的理解和答复	智能客服有望取代人工客服和机构客服	技术比较成熟
身份验证	人脸识别	通过人脸识别技术验证客户身份,通过刷脸的方式验证客户身份	人脸识别技术会广泛应用到金融领域	技术成熟
金融搜索引擎	自然语言处理深度学习知识图谱	深度学习方法用于数据的重复使用、引擎的迭代	机器虚席对未来搜索引擎具有重大影响	技术较为成熟

三、"人工智能 + 金融"应用案例

　　"人工智能 + 金融"对金融行业和金融机构起着至关重要的作用。对金融行业来说,"人工智能 + 金融"使得金融行业服务模式更加主动,处理业务能力不断提升。金融领域人工智能的应用主要体现在以下几个方面。

(一)蚂蚁金服深度涉及人工智能

　　蚂蚁金服是阿里巴巴旗下的一款应用。研发蚂蚁金服应用的是一个专注于研究机器学习和深度学习领域的团队。通过人工智能与金融相结合的方式,实现了使用互联网进行保险、征信、客户服务等功能。蚂蚁金服的图标如图 8.1 所示。

图 8.1　蚂蚁金服图标

蚂蚁金服是一款建立在人工智能上的金融服务。通过使用大数据和人工智能技术实现蚂蚁金服远程客户服务中心的建设,并使用语音识别技术实现自然语音识别,这体现了人工智能在用户服务方面的优势,方便快捷。同时,使用深度学习和语义识别技术完善蚂蚁金服的自动回复方式,节省了人力和物力。

(二)平安集团涉及人工智能

平安集团在人工智能领域涉及多个方向的研究,主要是人脸识别和语义识别这两个技术方向。根据人脸识别技术,实现在指定银行区域进行整体监控的功能,该功能可以对陌生人员或可疑人员进行识别,提升了安防水平。平安集团人脸识别如图 8.2 所示。

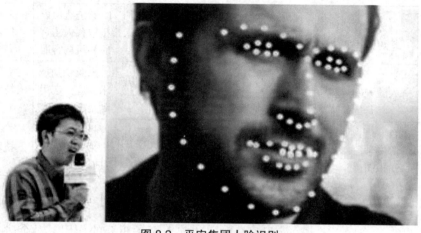

图 8.2 平安集团人脸识别

平安集团除了使用人脸识别实现银行区域监控外,还根据企业当下保险、基金、银行、证券等服务提供了客服通道。通过人工智能的语音、语义识别技术,使平台系统分析用户的服务需求,转换成相对应的服务,从而节省客户选择菜单的时间。平安集团的客服功能如图8.3 所示。

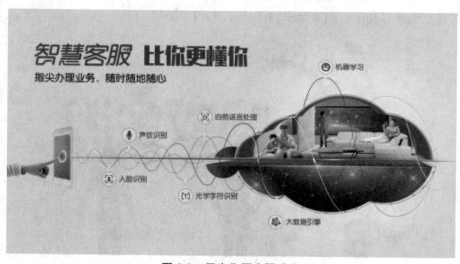

图 8.3 平安集团客服功能

（三）交通银行涉及人工智能

在金融行业,除了阿里巴巴和平安集团外,还有许多银行也加了入人工智能技术领域中,其中交通银行推出的智能网点机器人赢得了用户的关注。智能网点机器人如图 8.4 所示。智能网点机器人使用人工智能中人脸识别技术和语音识别技术,实现了人机语音交流,在固定网点实现操作指引。

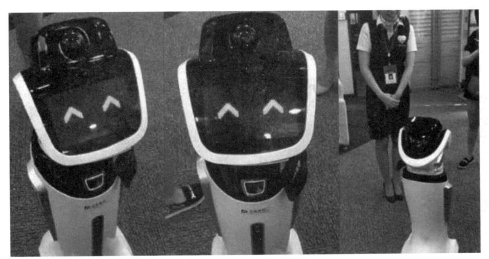

图 8.4　智能网点机器人

知识回顾

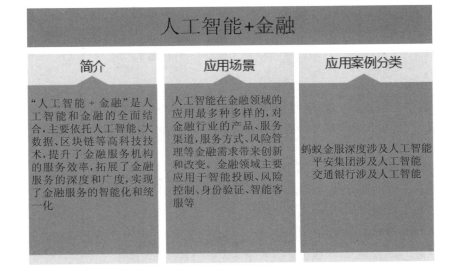

任务二　人工智能＋家居

问题导入

学习目标

　　通过对人工智能家居方面应用的学习，了解什么是"人工智能＋家居"，熟悉人工智能在家居方面的发展情况，掌握人工智能家居的应用及企业，具有人工智能案例分析的能力。在任务实现过程中：

- 了解什么是"人工智能＋家居"。
- 熟悉人工智能在家居方面的发展情况。
- 掌握人工智能家居的应用及企业。
- 具有人工智能案例分析的能力。

学习概要

01 "人工智能＋家居"简介

02 "人工智能＋家居"发展状况

人工智能+家居

03 "人工智能＋家居"典型应用

04 "人工智能＋家居"典型企业

学习内容

一、"人工智能＋家居"简介

　　智能家居是人工智能和家居用品结合的产物,是依托于用户住宅,通过物联网与人工智能相关技术打造的由硬件设备、软件系统和云计算平台构成的一个家居生态圈。家居实现智能化主要方便用户远程控制设备、设备间互联互通、设备自我学习等功能。智能家居系统结构如图8.5所示。

　　智能家居系统中包含了众多系统,比如家庭网络系统、综合布线系统、智能家居控制系统、家居照明控制系统、家庭安防系统、家庭环境控制系统等。其中智能家居控制系统、家居照明控制系统和家庭安防系统是智能家居中的必备系统。智能家居系统分布如图8.6所示。

　　智能家居系统的产品还可以分为二十类。常用的有智能照明系统、安防监控系统、电器控制系统、暖通空调系统、智能门窗系统、厨卫电视系统、家庭网络系统、运动与健康检测系统等。

　　智能照明系统:智能照明系统主要是使用手机APP通过遥控、远程等多种方式实现对全屋或局部房间的照明控制。

　　电器控制系统:电器控制系统是采用弱电控制强电方式,通过遥控或设置定时来操作多种电器,实现远程操作家里的空调、冰箱、家用电器等。

　　安防监控系统:安防监控系统通过自动化设备进行监控管理,主要用于对火灾、有害气体的检测。智能家居中的安防监控系统可以达到不用在家就能知道家中各个地方情景的效果。

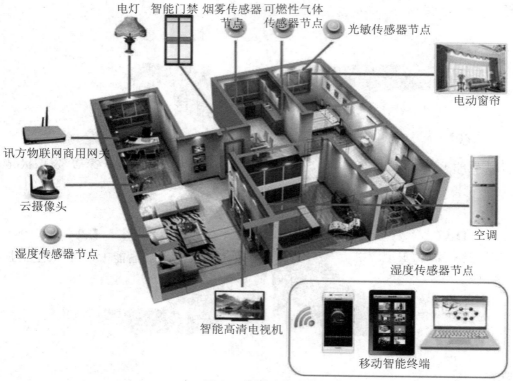

图 8.5 智能家居系统结构

图 8.6 智能家居系统分布

二、"人工智能+家居"发展状况

随着人工智能技术的不断发展,"人工智能+家居"迅速发展,在全球范围内呈现出强劲的活力。智能家居市场规模呈现递增的趋势。有数据显示,全世界超过一半的人对智能家居表示非常有兴趣,和移动支付处于一个水平。

中国的"人工智能+家居"的发展主要分为四个阶段:从1994—1999年的萌芽期到2000—2005年的开创期,再到2006—2010年的徘徊期,2011—2020年智能家居处于融合演变期。智能家居现在处于发展的最后一个阶段。在最后一个阶段中,人工智能的技术不断突破,并与大量新的模式、新的技术、新的业态等相互融合,创造了巨大的市场需求。智能家居的发展阶段如图8.7所示。

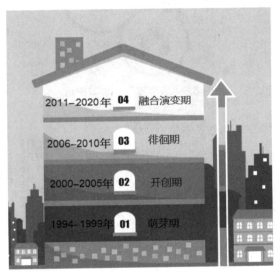

图 8.7　智能家居发展阶段

智能家居的研究机构表明,到2020年,智能电视的渗透率将达到93%,智能冰箱、智能洗衣机和智能空调的渗透率将增至50%以上。由此可以看出,智能家居的发展是不可逆的,中国的智能家居有望成为市场的下一个热潮。

三、"人工智能+家居"的典型应用

人工智能技术与生活家居深度融合会产生巨大的社会价值和经济效益,因此智能家居拥有广阔的市场和无限的商机。在世界上,智能家居主要有五个典型的应用,具体如图8.8所示。

1. 打造智能家电

打造智能家电是通过人工智能技术丰富家用电器的功能,实现家用电器智能化。到目前为止,很多公司研究出其对应的智能家居助手等智能电器,比如在2017年国际消费电子展中来自美国的Echo音箱及其内配置的Alexa虚拟家居助手、Sonos公司的智能流媒体音箱、Sectorqube公司的MAID Oven智能厨房助手等。智能家电控制示意如图8.9所示。

图 8.8　智能家居的典型应用

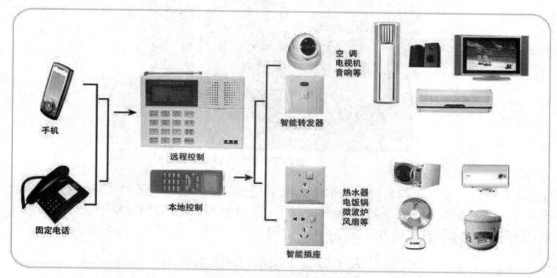

图 8.9　智能家电控制示意

2. 助力家居智能控制平台

　　智能家居控制平台主要是通过一套家居控制系统完成控制室内的门、窗和各种家用电子设备。比如苹果公司的 HomeKit 智能家居平台，借助 HomeKit，用户可以使用 iOS 设备控制家里所有兼容苹果 HomeKit 的灯、锁、恒温器、智能插头等配件。HomeKit 智能家居平台如图 8.10 所示。

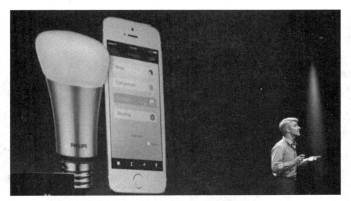

图 8.10　HomeKit 智能家居平台

3. 助推绿色家居

绿色家居是通过人工智能、传感器、云端数据库等技术,实现智能调节家中煤气、电、水等资源的开关,从而达到节能环保的效果,比如小米公司的绿色家居智能产品包含控制空调温度和开关状态以节约电能的智能温湿计。小米绿色家居模型如图 8.11 所示。

图 8.11　小米绿色家居模型

4. 助力家庭安全和监测

助力家庭安全和监测即使用人工智能传感器技术来保证家庭和用户自身的安全,对用户自身健康进行监测,比如美国 Snoo 公司研发出通过模拟母体子宫内的低频嗡嗡声哄宝宝入睡的智能婴儿摇篮;美国 Vivint 公司研发出通过将太阳能电池板整合进太阳能家庭管理系统来提升能源使用效率,这主要用于视频监控、远程访问、电子门锁、恶劣天气预警等在内的全套家庭安全,如图 8.12 所示。

5. 家居机器人

家居机器人主要用于陪护、保洁和对话聊天,这也是智能家居的产物,如美国初创公司 Mayfield Robotics 研发出通过表情、眨眼、转动头部及声音回应主人的机器人 Kuri,如图 8.13 所示。

图 8.12　太阳能电池板整合进太阳能家庭管理系统

图 8.13　机器人 Kuri

　　在 2017 年，百度推出了智能对话机器人"百度小鱼"，它可以通过自然语言对话实现播放音乐、播报新闻、搜索图片、查找信息、设闹钟、叫外卖、闲聊、唤醒、语音留言等功能。百度小鱼效果如图 8.14 所示。

图 8.14　百度小鱼

除此之外,智能家居的应用还有很多,具体的智能家居产品如图 8.15 所示。

控制主机	智能照明	电器控制	家庭音响	家庭影院
对讲系统	家庭监控	防盗监控	门窗控制	智能遮阳
智能家电	智能硬件	能源管控	自动抄表	家居软件
家居布线	网络控制	空调系统	花草灌溉	宠物照料

图 8.15　智能家居产品

四、"人工智能＋家居"典型企业

截至 2017 年,世界上有 600 万以上的家庭安装了智能家居系统。人工智能的应用在家居领域的市场潜力巨大,伴随出现的智能家电的龙头企业也越来越多。智能家电根据不同的需求可以分为三类,主要是传统家电、手机厂商和互联网电商。在智能家居中,典型的企业分析如表 8.2 所示。

表 8.2　智能家居中典型的企业分析

	美的	海尔	华为	京东	小米
成立	1968 年	1989 年	1987 年	1998 年	2010 年
主营产品	白色家电	白色家电	通信设备和通信技术	互联网电商平台	手机、智能家电
行业地位	传统家电龙头企业,产品涵盖 20 多个品类	传统家电龙头企业	全球领先的信息与通信解决方案供应商	智能家居电商龙头企业,销售数万品牌	领先的智能硬件和电子产品研发的互联网公司
战略举措	构建 M-Smart 平台并开发给第三方和小米、阿里巴巴、IBM 等达成战略合作	开发 U+ 平台,不但把自家产品连接起来,而且通过协议的开发让其他厂家的产品加入其生态系统,现已开放了云服务数据、智能硬件、APP 等接口给合作伙伴	布局智能家居底层架构中通信模块、系统和芯片,包括 HlLink 协议,同时和海尔、美的等多家企业合作	投资 Broadlink、发布 JD+ 计划和京东智能云 推出了可操控不同智能硬件设备的"超级 App"	连续发布了小米电视、小米盒子、路由器、智能插座、手环、净化器等单品 投资了美的,同时投资布局智能家庭医疗 持续投资并孵化智能硬件公司

续表

	美的	海尔	华为	京东	小米
主要特点	产品丰富,合作伙伴众多,致力于横向整合资源	资历老,产品丰富,但平台参与者众多,产品整体很难把握	致力于设备和平台的交流,定位清晰,优势明显	轻资产、互联网化的运营模式,以软件平台和供应链为主来号召合作伙伴加入,自身投入较少	软硬件结合,自己打造智能家居生态圈,并开放接口给其他开发者以丰富产品线 对平台有高度控制力,能快速协调软硬件的利益,有益于打造极致的用户体验

知识回顾

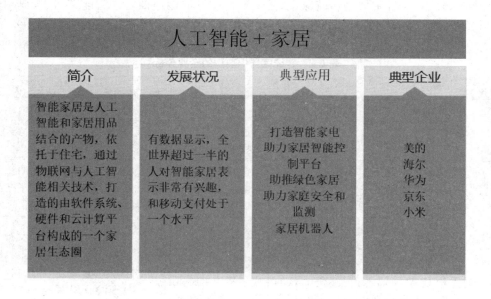

任务三　人工智能 + 医疗

问题导入

学习目标

通过对人工智能医疗方面应用的学习,了解什么是"人工智能 +"医疗,熟悉人工智能在医疗方面的应用场景,掌握人工智能在诊断过程中的具体使用,具有人工智能案例分析的能力。在任务实现过程中:

- 了解什么是"人工智能 + 医疗"。
- 熟悉人工智能在医疗方面的应用场景。
- 掌握人工智能在诊断过程中的具体使用。
- 具有人工智能案例分析的能力。

学习概要

学习内容

一、"人工智能＋医疗"简介

　　随着"健康中国"口号的提出,投资市场的目标转向了医疗领域,以"人工智能＋医疗"为模式的创业公司纷纷成立。"人工智能＋医疗"是指通过大数据与人工智能技术、物联网和云计算技术相互融合,运用在医疗服务对象、医疗机构和医疗服务主体对象上的一门技术或手段。图 8.16 所示为"人工智能＋医疗"技术的应用。

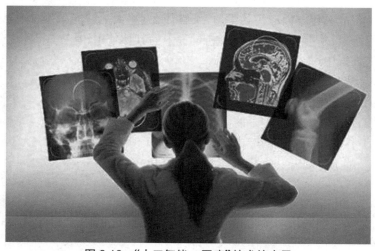

图 8.16　"人工智能＋医疗"技术的应用

　　"人工智能＋医疗"中"医疗"具有多个分支,涉及多个领域,医疗与人工智能的结合,能够提升医疗行业的精准度、专业度,同时能够与大数据相结合,发挥大数据的优势。以大数据为基础的智慧医疗会有三方面的重大改变,具体如图8.17所示。

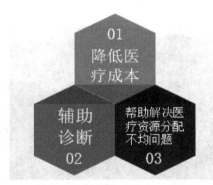

图 8.17　智慧医疗改变三方面

1. 降低医疗成本

　　人类在看病过程中最害怕的莫过于医疗成本。生一场大病往往意味着要倾家荡产。有数据显示,美国的GDP中有20%左右都是来自医疗相关的开销,且呈现逐年上升的趋势。导致医疗成本过高的原因主要是高昂的药费和诊疗费。其中药费过高主要是因为新药研发周期长、费用高、成功率低。人类从研制新药到新药上市的流程如图8.18所示。

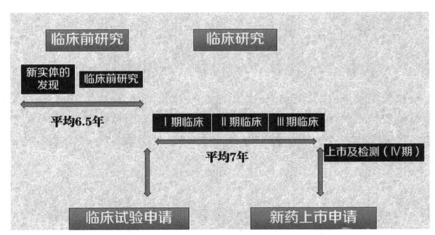

图 8.18　人类从研制新药到新药上市的流程

　　因人工智能和大数据的出现,可以使用机器累计足够的数据并进行分析,学习分子结构、图像等一系列信息,寻找可用于制造新药的分子或配方,从而降低药品的研发成本和风险,因此说智慧医疗可以降低医疗成本。

2. 辅助疾病诊断

　　智慧医疗可以辅助医生进行疾病的诊断,主要是因为一个医生学习能力再强,也没有计算机学习能力强。医生对于每天学习的时间和研究的精力都是有限的,而计算机能够在短的时间内学习人类一生所学的内容。应用智慧医疗辅助诊疗软件,医生可以根据计算机输出的结果和自身的经验对病人的病情进行诊断,不但能够提高诊断效率,还可以提高诊断的准确率。

如图 8.19 所示为 IBM 公司和多个癌症研究机构共同研发的人工智能系统 Watson,该系统主要功能是理解基因和肿瘤学,能够根据大量的数据进行分析和诊断。

图 8.19　人工智能系统 Watson

3. 解决医疗资源短缺问题

智慧医疗系统除了降低医疗成本和辅助疾病诊断外,还具有一个最重要的优势——解决医疗资源短缺问题。在世界医疗水平分布不均匀的状况下,很多国家医生和护士严重不足,社区医院与顶级医院的医生医疗水平也相差甚远,智慧医疗可以为医疗匮乏的地方提供顶级医院顶级医疗专家的服务。

二、"人工智能＋医疗"应用场景

人工智能在医疗领域具有多方面的作用,同时伴随着医疗机器人、医疗影像、远程问诊、药物挖掘等设备及技术的出现,突出了大数据与人工智能的重要性,同时给医疗领域带来了极大的便利。智慧医疗主要应用于多个方面,比如对流行病的检测、诊疗过程中的人脸识别等多个场景,具体如图 8.20 所示。

图 8.20　应用场景

（一）流行病的预测

在 2017 年，平安科技研发了"人工智能 + 医疗"的成果"流感预测模型"。该模型覆盖了多种模型，能够准确预测流感趋势、个人和群体的疾病复发风险，并指导民众进行疾病预防，降低国家疾病与防控工作的成本。

（二）针对诊疗过程中的人脸识别和核验身份

"人工智能 + 医疗"的出现，使得患者在挂号过程中省去了排队的环节，确定去医院的时间和去哪个医院后就可以在网上进行挂号，同时可以通过人脸识别技术加快就诊效率。除此之外，人脸识别还可以防止伪检、替检现象发生。

（三）借助医疗数据来辅助诊断

阿里健康协同阿里云发布医疗人工智能系统"Doctor You"。该系统主要包含医疗辅助检测引擎、医师能力培训系统、临床医学科研诊断平台，官方表示，以该系统可以对外展现的 CT 肺结节智能检测引擎为例，对 30 名患者产生的近 9 000 张 CT 影像进行智能检测和识别，只需要 30 分钟即可阅完，准确度达到 90% 以上。

（四）精准外科手术

智慧医疗可以实现精准外科手术。它主要使用人工智能的计算机辅助手术技术，实现以最快的速度以及最优的手术路径，实现对病人最小的创伤。

（五）医药研发领域

传统的药物研发一般需要 10 年以上的时间。人工智能的出现可以使计算机筛选出大量的基因、代谢和临床信息，缩短药物研发周期，降低研发的资金成本。

（六）人工智能 + 健康管理

2017 年健康有益发布了一款"ego"系统，帮助人们实现精准健康管理。该系统包含上万条健康食谱，通过对身体的检测制定出合理的健康的方案，从而实现对身体健康的维持。

除此之外，智慧医疗使用人工智能技术实现的功能还有很多。应用领域主要如表 8.3 所示。

表 8.3　智慧医疗应用领域

应用领域	人工智能技术	应用场景	未来发展预期
医疗机器人	图像识别 机器学习 语音识别	通过图像识别、语音识别和机器学习等技术，在微创手术、康复等场景辅助医生工作	未来发展较为缓慢，但市场前景广阔
医疗影像	图像识别 深度学习	通过引入深度学习技术，实现机器对医学影像的分析判断，筛选出潜在病症的影像	拥有优质、大量影像数据源的公司将占据市场优势
远程问诊	深度学习、图像识别 语音识别、语义识别 知识图谱	通过分析用户体征数据、文字、语音、图片视频等数据，实现机器的远程诊疗	临床诊断辅助系统将逐渐成为主要的应用场景

续表

应用领域	人工智能技术	应用场景	未来发展预期
药物挖掘	深度学习	协助药厂,通过深度学习,对有效化合物以及药品副作用进行筛选,优化构效关系	目前抗肿瘤药、心血管病和孤儿药等为主要应用领域

知识回顾

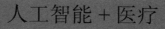

人工智能 + 医疗

简介

"人工智能＋医疗"是指通过大数据人工智能技术、物联网和云计算技术相互融合,运用在医疗服务对象、医疗机构和医疗服务主体对象上的一门技术或手段

应用场景

1 流行病的预测
2 诊疗过程中的人脸识别和核验身份
3 借助医疗数据来辅助诊断
4 精准外科手术
5 医药研发领域
6 人工智能＋健康管理

任务四　人工智能＋安防

问题导入

学习目标

通过对人工智能安防方面应用的学习,了解什么是"人工智能＋安防",熟悉人工智能在安防方面的相关技术,掌握人工智能在安防方面的具体应用,具有人工智能案例分析的能力。在任务实现过程中:

- 了解什么是"人工智能＋安防"。
- 熟悉人工智能在安防方面的相关技术。
- 掌握人工智能在安防方面的具体应用。
- 具有人工智能案例分析的能力。

学习概要

01

"人工智能＋安防"简介

02

"人工智能＋安防"相关技术

人工智能＋安防

03

"人工智能＋安防"应用场景

人体分析
车辆分析
行为分析
智能案情分析

学习内容

一、"人工智能＋安防"简介

在人工智能兴起的浪潮中,安防是最火热、最频繁被人提起的行业。安防拥有海量的数据来源支撑对应的视频技术,从而满足人工智能对算法模型训练的要求。除此之外,安防行业与现实中抢劫、被盗等重大事件相吻合,这突出了安防行业的重要性。图像识别在安防中的应用效果如图 8.21 所示。

图 8.21　图像识别在安防中的应用效果

恐怖事件频频发生,也使得各种对治安的要求不断提升,对更精准的、覆盖面更广的、更高效的安防服务提出新的要求,体现了人工智能算法在安防领域的重要性,推动该领域的增长。

二、"人工智能 + 安防"相关技术

在"人工智能 + 安防"领域中,随着智慧城市和平安城市的不断推进,监控点位越来越多,几乎每条公路上都有拍摄违章的摄像头,导致产生了海量的数据。人工智能的出现解决了海量视频的分析和检索的问题,还可以对视频进行实时分析,探测异常信息等。

人工智能技术在安防领域主要采用了视频结构化技术和大数据技术。

1. 视频结构化技术

视频结构化技术是利用人工智能技术中的图像处理、机器视觉、深度学习和模式识别等知识实现的。主要分为目标检测、目标跟踪、目标属性提取三个步骤。目标检测是提取视频中的前景目标,根据前景目标确定有效的目标(如人员、车辆);目标跟踪是对特定的目标在一定的场景中进行跟踪拍摄,目的是拍摄出一张高质量、高水平的照片;目标属性提取是对已有的目标图片进行分析和标识。视频结构化技术分析流程如图 8.22 所示。

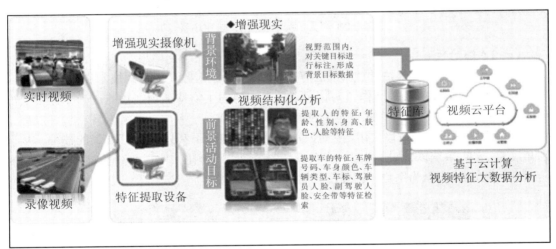

图 8.22　视频结构化技术分析流程

2. 大数据技术

"人工智能 + 安防"中需要的大数据技术主要作用是辅助人工智能提供分布式计算能力和知识库管理能力,主要包含海量数据管理、大规模分布式计算和数据挖掘三部分。海量数据管理主要是对全方位数据资源进行采集和存储;大规模分布式计算是通过人工智能技术分析海量的数据,开展特征匹配和模型仿真;数据挖掘是通过机器学习算法挖掘探究数据的规律和异常点,辅助用户用更快的速度找到有价值的资源。

三、"人工智能 + 安防"应用场景

"人工智能 + 安防"是安防的一个重大发展趋势,涉及多个场景的应用。常用的应用场景有人体分析、车辆分析、行为分析和智能案情分析等。人体分析场景主要是对人脸进行识

别,对人的体态和人体特征进行提取;车辆分析主要是对车牌、车辆进行识别,对车辆进行特征提取;行为分析主要是对特定的目标进行跟踪检测;智能案情分析是智能案情分析、统筹资源调配。"人工智能＋安防"应用场景如图 8.23 所示。

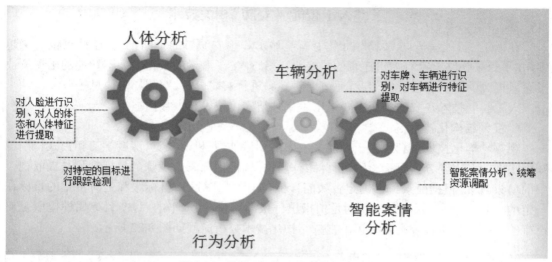

图 8.23 "人工智能＋安防"应用场景

(一)人体分析

人体分析主要用于车站、机场、酒店等关键节点,通过人脸图像识别技术实现刷脸打卡、车站机场安检、通过门禁等操作。人脸识别技术实现的生物特征识别功能在当今社会上扮演的角色越来越重要,应用空间也越来越广阔。

人脸识别是一种既可以实现"主动识别",又可以应用于"被动识别"场景的技术。从识别角度看,安防系统以"人脸图像＋身份证＋局端数据"对比来实现身份验证,从而提高安防级别。图 8.24 所示为用户正在使用扫脸支付功能。

图 8.24 扫脸支付

（二）车辆分析

车辆分析主要是对车牌、车辆进行识别,对车辆进行特征提取,主要应用场景是道路监控。实现此技术需要用到车辆识别和人脸识别相关知识。在车辆分析过程中,需要在相应的领域采集有关道路交通流量的车速、车型、通过时间等参数。人工智能技术与车辆识别相互结合,使拍摄识别范围变广,通过传感器设备进行安装与调试,使用数据监控系统进行数据的分析和检测。

目前使用人工智能的图像识别技术,通过安装在道路旁边或者中间隔离带的支架上的摄像机和图像采集设备将实时的视频信息采入,经过对视频图像的实时处理分析得到各种交通信息,比如获取车的速度、道路的密集程度、转弯信息甚至获取驾驶员是否使用安全带及接听手机等相关内容。图 8.25 所示为智能交通系统。通过图 8.25 可知交通分析系统能够分析出车辆的型号,随时监控车辆的动态并对车辆进行统计。

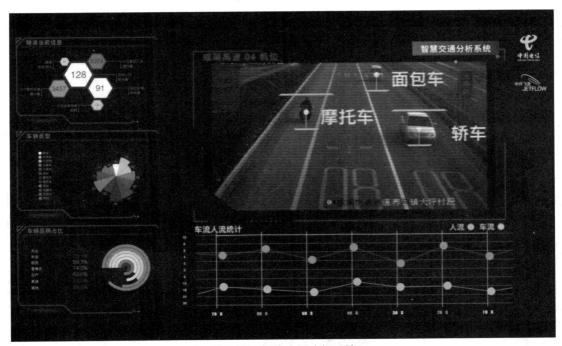

图 8.25　智能交通分析系统

（三）行为分析

行为分析是对特定的目标进行跟踪检测,应用领域是人群众多的热点区域和重点场所。图像识别技术是对静态效果、动态效果和运动轨迹的识别,通过监控收集的视频能够进行迅速的分析并捕捉每个个体的行为活动。如图 8.26 所示为使用人工智能技术实现动态视频识别。

图 8.26　使用人工智能技术实现动态视频识别

行为分析是图像识别的一个延伸,需要优化的人工智能算法与模型结合达到实时分析可视范围内的人群及其行为,主要功能包括个体跟踪、人体统计、异常行为分析、对各种行为进行分类并对异常情况进行报警。

（四）智能案情分析

智能案情分析和上面三种分析不同,是使用自然语言处理（NLP）技术的语义理解分析系统,用于协助警方破案,寻找案件的蛛丝马迹,无须动用大量的警力进行档案和数据库的查询。比如在抓捕犯罪嫌疑人时,警官根据实战经验,对作案时间、作案手段、受害对象等进行分类,使用人工智能技术实现对犯罪嫌疑人的行为特征的分析,实现快速破案。图 8.27所示为使用"Face++ 旷视"的天眼系统对在逃犯人进行识别。

图 8.27　使用"Face++ 旷视"的天眼系统对在逃犯人进行识别

知识回顾

人工智能 + 安防

简介	相关技术	应用场景
安防被誉为最火热的行业是因为其自身的特性，主要拥有海量的数据来源支撑对应的视频技术，从而满足人工智能对算法模型训练的要求，除此之外，安防行业与现实中抢劫、被盗等重大事件相吻合，突出安防行业的重要性	视频结构化技术 大数据技术	人体分析 车辆分析 行为分析 智能案情分析

学习情境九　大数据与人工智能未来

任务一　大数据技术的未来

问题导入

学习目标

通过对大数据技术未来的学习，了解大数据技术未来的发展方向，熟悉大数据技术的发展趋势，掌握大数据技术带来的影响，把握大数据技术的未来的机遇。在任务实现过程中：

- 了解大数据技术未来的发展方向。
- 熟悉大数据技术的发展趋势。
- 掌握大数据技术带来的影响。
- 把握大数据技术未来的机遇。

学习概要

学习内容

一、大数据技术的未来发展趋势

随着大数据时代的到来,大数据及大数据技术迎来了新一轮的发展。由于资本的注入、政策的扶持和大众关注等因素,大数据的发展越来越迅猛。大数据技术发展的三个方向如图 9.1 所示。

1. 与云计算深度结合

大数据与"云"相辅相成,通过之前的学习情境,应该知道大数据的存储方式之一就是采用"云"存储。大数据需要"云"为其提供基础设备,基于"云"的协同开发平台是将软件需求、开发、测试、运营等整个生命周期放在云端的解决方案,帮助企业通过云计算实现技术效率最大化,让软件交付变得更加高效、标准、可控,保证大数据与"云"的关系更加紧密。除"云"之外,物联网、移动互联网同样会影响大数据的发展,让大数据的影响力越来越大。大数据与"云"结合如图 9.2 所示。

2. 科学理论的突破

人类现在正处于技术爆炸的年代,从依靠采集和狩猎过渡到自耕自作的农业时代用了十几万年的时间,而从农业时代到工业时代用了几千年的时间,接着从工业时代到原子时代用了两百年时间,后来从原子时代到信息化时代仅仅用了几十年时间。由此可见,人类现有的知识和科技的总量越大,发现新知识和新技术的时间就会越来越短,已知的知识总量和未知的知识发现速度呈负相关。大数据技术作为新一轮的技术革命,与其相关的技术也在不断地发展,因此在未来,大数据技术可能出现跳跃式的进步。

图 9.1　大数据技术发展的三个方向

图 9.2　大数据与"云"结合

3. 数据科学与数据联盟成立

数据科学的发展催生出很多新的岗位,同时大数据也被越来越多的人所认知,因此,当数据科学发展到一定程度后必然会产生相关的协会、数据共享中心以及数据联盟,由此来促进数据科学更好地发展。中国企业大数据联盟如图 9.3 所示。

图 9.3　中国企业大数据联盟

随着大数据技术的不断发展,我国大数据的前景良好。在未来,我国大数据行业将有七大发展趋势,具体如下。

1. 数据资源化

在网络时代,数据将变得越来越有价值,尤其是在大数据时代,数据甚至可以上升到"战略物资"的高度。《华尔街日报》在一份报告中指出,数据已经成为和"黄金"一样的资产类别。作为新时代的"黄金",各个国家和企业正在抢占大数据战场的"制高点"。国内的各个企业已经通过数据取得了一定的成功,所以有理由相信,数据将会在未来起到越来越重要的作用。图9.4为数据资源化概念图。

2. 大数据将在更多行业被运用

随着大数据技术在互联网行业的"风生水起",其他企业也开始将大数据与自己的业务相结合,使公司的业务发展得到帮助。在金融领域,可以利用大数据技术与金融数据进行分析,帮助投资者进行选择;在电信行业,大数据技术可以帮助企业分析用户的行为和对资费的满意度,从而帮助企业制订发展计划。由此可见,随着大数据的发展,大数据将会被越来越多的企业所运用。图9.5为大数据在农业中的应用。

图 9.4　数据资源化概念

图 9.5　大数据在农业中的应用

3. 与传统行业相融合

　　由于传统行业种类众多,每个行业的业务流程和数据来源也不尽相同,因此无法使用固定的数据处理流程来应对所有的行业,这必然会促使很多个性化的解决方案产生。例如:某些企业以数据采集作为其主要的业务,而另外一些企业则以数据分析作为主要业务。大数据服务商将会对这些不同的业务制订不同的解决方法。图 9.6 为神州优车大数据应用。

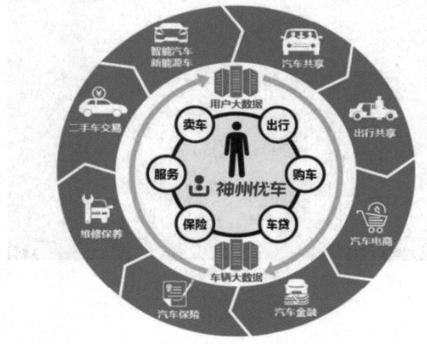

图 9.6　神州优车大数据应用

4. 数据将会更加开放

传统的资产类型，往往是私有的，如果资产被共享，其价值就会被稀释。大数据与传统资产是不相同的，数据的价值往往体现在相互关联和相互交换中。政府数据和互联网数据将会越来越开放。自 2012 年开始，我国很多地方政府就建立了数据开放平台，国外的很多国家也将自己的数据对民众进行公开。大数据行业不同于其他的行业，数据的价值是通过共享而体现的。例如医院，如果全世界医院的病例数据库都相互共享，那么当一个医院治疗好一个病患，其他所有医院就相当于都有了该种病例治疗的经验，无论是对于医院还是人类，都是有百利而无一害的事情。数据共享示意图如图 9.7 所示。

5. 数据安全越来越重要

数据的价值越高，数据的危险性就越大。随着科技的不断发展，越来越多的人开始融入互联网生活，犯罪分子获得个人信息的机会也就越来越大。现在网络犯罪往往和诈骗结合在一起：通过非法手段获取个人数据，然后将数据倒卖到犯罪分子手中，犯罪分子通过个人信息对受害者进行诈骗，这样的例子屡见不鲜。由于大多数企业都是使用 Hadoop 作为大数据处理框架，所以安全问题尤为突出（Hadoop 是一个开源框架）。相信未来将有更加专业的安全厂商专门针对企业的大数据安全提供服务。

图 9.7 数据共享概念示意

6. 促进智慧城市发展

大数据对构建智慧城市的影响越来越大。城市是人口的聚集地。我国的城镇化发展也使更多的人进入城市。现在我国的城镇人口已经达到了 8 亿 1347 万人，是我国人口总数的58.25%，且该数值还在不断增长。城市人口的增多，使交通、医疗等各个方面的压力越来越大，因此需要对城市的资源进行更加合理的配置，这就是构建智慧城市的目的所在。有足够多的数据作为支撑，对数据进行分析才能使智慧城市变得更加"智慧"。图 9.8 为智慧城市示意图。

图 9.8　智慧城市概念示意

7. 产生一批新的工作岗位和专业

大数据的逐渐发展,必然会催生出一些与数据相关的职业,如大数据分析师、大数据管理专家、大数据开发工程师、大数据算法工程师等。相关职业的需求也推动了高校和社会对人才的培养。在社会上,很多关于大数据的培训机构屡见不鲜,传统的高等院校也开始开设大数据专业。而立足于"产教融合"的大数据人才培养方式,是未来大数据教育的发展方向。大数据教育示意如图 9.9 所示。

图 9.9　大数据教育示意

二、大数据带来的影响

大数据的发展给人类和社会带来很多的影响,主要分为经济影响和社会影响。

(一)对经济的影响

大数据自产生以来对人类社会的各个方面产生了十分巨大的影响,而我国更是把大数据提升到了国家战略层面。大数据对经济方面的影响主要体现在以下两个方面。

1. 大数据对传统行业的影响

大数据技术的逐步发展对销售模式的影响无疑是巨大的。通对大数据分析,从而对用户提供定制化的服务是目前大数据最为主要的应用领域。大数据对销售模式的影响主要体现在营销行业、广告行业、提升用户体验等方面。

1)大数据对营销行业的影响

早期的营销行业在推销产品时,采取的是"群发短信"的方法。一些垃圾短信经常会出现在手机上,诸如办理信用卡、办理理财产品、贷款等。这种短信轰炸的方式效率十分低下。而随着大数据时代的到来,营销行业可以使用大数据分析的方法,预测用户的兴趣和偏好,从而给用户推荐其感兴趣的产品。这样一来既降低了用户对企业的不良印象,又提高了成交量,可谓是一举两得。图9.10为大数据精准营销案例,对用户关注的商品进行降价短信推送。

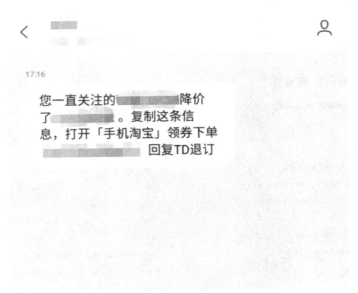

图 9.10　大数据精准营销短信

2)大数据对广告业的影响

传统广告行业对广告的宣传如"填鸭"式广告。"填鸭"式广告,就是指不考虑用户的需求对广告进行展示,强行让用户看到广告。这种打广告的方式有着高昂的成本和较低的收入。大数据技术的发展让广告企业开始对广告的投放方式有了改变,通过大数据对用户所点击的广告进行统计和分析,并把用户可能感兴趣的广告进行精准投放,这样使广告更有针对性。图9.11所示为百度所给出的广告推荐。

图 9.11　百度在网页上推荐的广告

3）使用大数据提升用户体验

很多娱乐类软件的界面都会有"猜你喜欢"的功能。这种功能正是采用了大数据技术，将用户经常点击和停留时间较长的页面进行"标签化"分析，同时为用户推送与"标签"相近的栏目或作品，如图 9.12 所示。

星期四 **31**	每日歌曲推荐			
	♀ 根据你的音乐口味生成，每天6:00更新			
▷ 播放全部　＋				↥ 收藏全部
01 ♡ ↧	Whiskey and Morphine	Alexander Jean	Head High	05:05
02 ♡ ↧	TV In Black And White (Version 2)	Lana Del Rey	Lana Del Rey (Remixes)	04:02
03 ♡ ↧	Nothing's Gonna Hurt You Baby	Cigarettes After Sex	I.	04:45
04 ♡ ↧	Stay Gold	大橋トリオ	宇多田ヒカルのうた -13組の…	05:51
05 ♡ ↧	The Deeper Level	Jodymoon	All Is Waiting	03:46
06 ♡ ↧	Waiting For Love ▷	Avicii / Martin Garrix …	Waiting For Love	04:31
07 ♡ ↧	my boy	Billie Eilish	dont smile at me	02:50
08 ♡ ↧	wave	vietra	wave	01:47
09 ♡ ↧	SLOW DOWN ▷	向井太一	24	03:48
10 ♡ ↧	Trustful Hands ▷	The Dø	Trustful Hands	04:04
11 ♡ ↧	Je Pourrais Mourir Pour Toi	Charlotte Rampling	Comme une Femme	01:52
12 ♡ ↧	Habibi 🔊	Tamino	Habibi	05:09
13 ♡ ↧	Second Heartbeat	Shy Girls	Timeshare	03:23
14 ♡ ↧	Paper Thin (Never Fall in Love)	Emme Packer	Earlier, Later	03:29

图 9.12　网易云音乐"每日歌曲推荐"

2. 构建新型的金融模式

大数据技术有大量的数据作为背景，对金融方面的影响尤为明显。通过对海量数据的分析，可以预测出金融投资的风险大小，这是传统金融和投资业最为关注的方面。

金融领域的风险控制在早期，只能依靠有经验的投资经纪人为客户推荐投资项目。客户往往根据该经纪人的从业经验和投资成功率来判定该投资项目有没有风险，现在看来这种方法根本算不上风险控制。随着金融领域的逐渐发展，投资人（管理者）意识到：风险本身是无法控制的，有些风险是必然存在的。在这个阶段，风险控制的本质就是采取一定的措施和方案来减小风险发生的概率。随着大数据时代的到来，越来越多的投资案例可以被分析。在这个阶段，管理者和投资人开始将准备投资的项目近期甚至自创立以来的所有数据，通过大数据技术进行分析和汇总，从而计算出本次投资的风险并预测风险来源，通过对分析结论的理解，有针对性地对风险进行规避。传统风控与数据风控对比如图 9.13 所示。

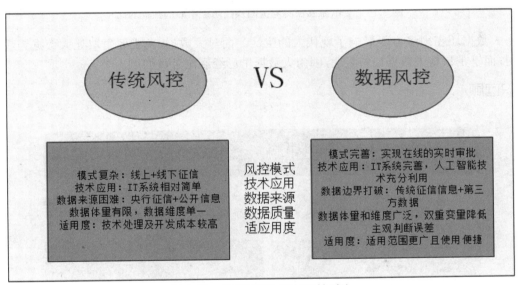

图 9.13　传统风控与数据风控对比

（二）对社会的影响

大数据在对经济产生影响的同时，也不断地影响着人们的生活，除了已经知道的大数据对构建智慧城市的影响之外，大数据还对医疗、社会安全、出行等方面产生了重要的影响。窥一斑而知全豹，通过大数据对医疗行业影响的例子，可以看出大数据对人们生活的影响。

传统医疗行业只能靠病人在生病之后去找医生治疗，医生无法关注到潜在病人。而大数据技术和医疗领域的结合，使医生提前预防病人的疾病成为现实。谷歌流感预测就是其中最为典型的案例。谷歌通过对用户使用其搜索引擎搜索的关键词对当地流感进行了准确的预测，从而方便当地检验检疫部门和疾病防控中心提前发出通知，从而预防流感的大爆发。图 9.14 为谷歌流感预测与美国疾病防控中心的数据对比。图中深色线是谷歌给出的数据，而浅色线是美国疾病防控中心给出的数据，可见两者有很大的相关性。

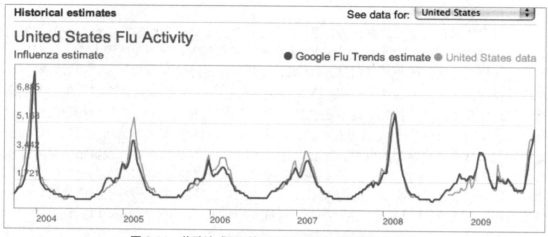

图 9.14 谷歌流感预测与美国疾病防控中心的数据对比

　　大数据还在很多方面影响了现代人的生活。面对大数据,人类要争取让大数据为我们所用,而不是只将大数据视若猛虎,因为大数据早已经影响了我们每一个人。

知识回顾

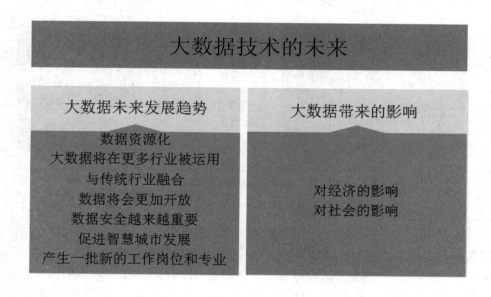

任务二　人工智能的未来

问题导入

学习目标

通过对人工智能未来的学习,了解人工智能未来的竞争格局,熟悉人工智能的未来发展及我国人工智能行业的发展趋势,掌握人工智能带给人类的影响,具有人工智能行业分析的能力。在任务实现过程中:

- 了解人工智能未来的竞争格局。
- 熟悉人工智能的未来发展及我国人工智能行业的发展趋势。
- 掌握人工智能带给人类的影响。
- 具有人工智能行业分析的能力。

学习概要

01
人工智能未来发展趋势

人工智能的未来

02
人工智能带来的影响

对经济的影响
对社会的影响

学习内容

一、人工智能未来发展趋势

目前,人工智能的发展迎来了新一轮的高峰期。面对这一全新的技术领域,国家和企业都在奋力争夺其主导权。人工智能的不断发展进步,将会颠覆我们未来的生活。人工智能未来的发展趋势可以分为三个阶段,如图 9.15 所示。

1. 服务智能

在人工智能目前技术的基础上,取得进步,人工智能机器始终用来辅助人类,这也和创造人工智能最初的目的相符合。人工智能最初的设计就是用来为人类服务的。在未来,工厂生产中使用全自动化智能生产线,可以提高生产效率和生产的安全性;日常生活中,医疗辅助机器人、扫地机器人等随处可见,使人们的生活变得更加便利。服务智能如图 9.16 所示。

2. 科技突破

在原有的人工智能技术上取得显著突破,如在语音识别方面可以分析自然语言中的暧昧、模糊成分,预测出"潜台词",能够完全理解人类对话。人工智能进行对话如图 9.17 所示。

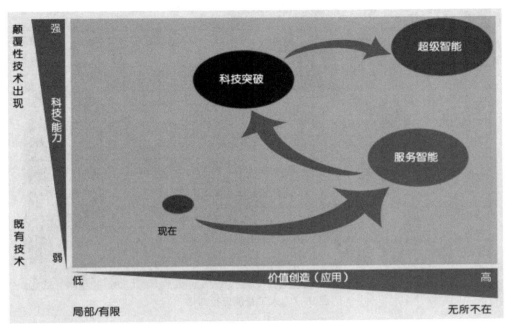

图 9.15 人工智能未来的发展趋势

图 9.16 服务智能

图 9.17　人工智能进行对话

3. 超级智能

随着研究的持续深入、技术的不断发展和进步，人工智能只有在日常生活中吸取、积累经验，适应不断变化的环境，才能全面超越人类，实现人机完全共融，人工智能能够像人一样思考、行动。超级智能如图 9.18 所示。

图 9.18　超级智能

随着人工智能的不断发展，现有的竞争格局也将发生改变，人工智能未来的竞争格局如图 9.19 所示。

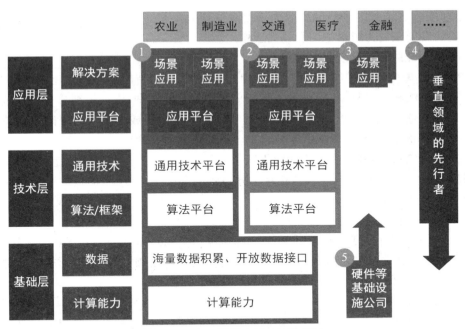

图 9.19 人工智能未来的竞争格局

在我国,目前体量较大的四个巨头在人工智能方面均有大量投入,其未来发展方向如图 9.20 所示。

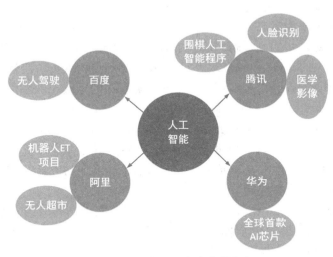

图 9.20 四个巨头未来发展方向

我国企业争相进入人工智能领域,极大地促进了我国人工智能的发展。在未来,我国人工智能行业将有五大趋势,具体如下。

1. 机器学习与场景应用将迎来下一轮爆发

数据存储容量和技术能力为机器学习提供了基础保障。机器学习是人工智能的核心技术和应用手段,在我国其主要应用的细分领域有计算机视觉(研发类)、自然语言处理、私人虚拟助理、智能机器人和语音识别,但目前还存在运算能力、通用性等问题。基于生活、教育、健康和安防等场景的场景应用成为国内企业在人工智能领域的突破口。未来我国人工智能行业的发展主要为机器学习和场景应用。

2. 专用领域的智能化仍是发展核心

GPU 计算速度日益增加，基础技术平台飞速发展，人工智能网络的构建取得重大突破，但人工智能算法和技术复杂，未来人工智能仍集中在人脸识别、语音识别等专用领域。如果由专用领域向通用领域过渡，自然语言处理和计算机视觉将成为最大的突破口。随着专用领域研究的不断深入，通用领域所需技术也会日臻成熟而有所突破。

3. 产业分工日渐明晰，企业合作大于竞争

我国人工智能产业由于技术的差异化分为底层基础构建、通用场景应用和专用应用研发三个方向。

1）底层基础构建

腾讯、阿里巴巴、百度、华为等企业以自身数据、算法、技术和服务器优势为依托，为行业链条的各公司提供基础资源支持，并将自身优势转化为应用领域的研究，形成自身生态内的完整人工智能产业链。

2）通用场景应用

它以科大讯飞、格灵深瞳和旷视科技等企业为代表，主要进行计算机视觉和语音识别方向的研发，可以为安防、教育和金融等领域提供通用解决方案。

3）专用应用研发

它集中了大部分硬件和创业企业，以小米和 broadlink 为代表的智能家居解决方案商，以及出门问问、linkface 和优必选等差异化应用的提供商。

4. 系统级开源将成为常态

闭门造车总归是故步自封、脱离实际的，而人工智能的研究也是一样，由于人工智能的研究总归会涉及庞大的计算、领域交差等问题，在封闭环境内取得阶段性突破是困难的。因此，Google、微软、Facebook 等人工智能未来核心竞争力的顶级企业都先后开放了自身的人工智能系统。但开源并不是核心技术和算法的完全分享，开源底层系统会让更多的企业从不同方向参与人工智能相关领域的研发，为新产品的迭代和试错提供了一个共生平台，确保与最前沿技术同步。其中，腾讯、阿里巴巴、百度和科大讯飞等都开放了自身的人工智能系统。而随着专用领域应用的普及和通用技术应用需求的增加，开放性还会不断地增大。

5. 算法突破将拉开竞争差距

算法是人工智能的核心，在机器学习领域，监督学习、非监督学习和增强学习三个方面算法的竞争进入白热化；在认知层面，算法的水平还亟待提高，是未来竞争的核心领域。算法将成为国内人工智能行业最大的竞争门槛。

二、人工智能带来的影响

人工智能技术的发展给人类社会带来诸多问题。我们应该以辩证的态度看待人工智能，正视人工智能带来的问题，以有效的政策努力消除负面影响。人工智能带来的影响主要为经济影响和社会影响。

（一）对经济的影响

自人工智能诞生以来，到现在开始与各类行业进行深度融合，现有经济结构也开始转变。人工智能对经济增长的激发有三种方式，具体如下。

①转换工作方式，有效利用时间，大幅度提升劳动生产效率。

②代替大部分劳动力，成为一种全新的生产要素，如图 2.21 所示。

③带动产业结构升级，推动相关行业创新，开拓服务、医药等行业经济发展的新资源。

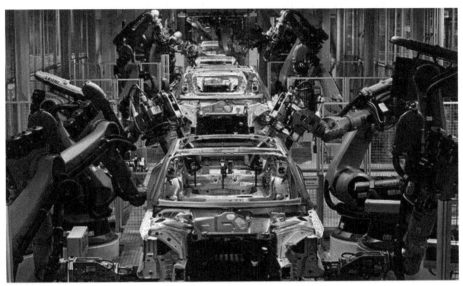

图 2.21　智能工厂

在未来，到 2030 年，人工智能将给世界经济带来 15.7 万亿美元，其中，中国和美国将获益 10.7 万亿美元，是人工智能最大的受益者。到 2035 年，我国劳动生产率将提高 27%，经济年增长率将从 6.3% 提至 7.9%。

（二）对社会的影响

随着人工智能技术的提高，人类的生活品质也得到了提升，但与此同时，劳动市场开始质疑人工智能，人们担心人工智能的应用会冲击劳动力市场，导致失业率增加和工资下降。

例如：工厂工人、司机、客服代表，甚至是银行工作人员都有可能会面临失业的窘境。人工智能在一定程度上对劳动力市场造成了冲击，也不可避免地给其他相关行业带来风险。

目前人工智能面临着极大的挑战，不仅是对经济和社会的影响，还包含着方方面面的问题。随着人口红利的消失以及社会老龄化程度的加剧，人工智能制度和技术红利的发展成为必然趋势。从长远来看，科技带来的就业机会将大于失业率，在未来将有一些新的岗位应运而生，如：人工智能的开发者、维护修理者等。

到那时，我国政府也将注重针对人工智能技术的相关政策进行规划协调，一方面可以加大力度对劳动力进行再培训和教育，使其能够从事一些人工智能方面的工作，未来的劳动力将更加适应智能社会和智能经济发展的需要。另一方面，人工智能的发展会使大量财富集中在少数人手中，加剧了社会财富的两极分化。

知识回顾

人工智能的未来

人工智能未来发展趋势

人工智能的不断发展和进步,人工智能将会颠覆我们未来的生活。人工智能未来的发展趋势可以分为三个阶段:
(1)服务智能;
(2)科技突破;
(3)超级智能

人工智能带来的影响

人工智能技术的发展给人类社会带来诸多问题,我们应该以辩证的态度看待人工智能,正视人工智能带来的问题,以有效的政策努力消除负面影响